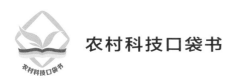

农村科技口袋书

竹资源高效培育与加工利用新技术

中国农村技术开发中心　编著

U0272258

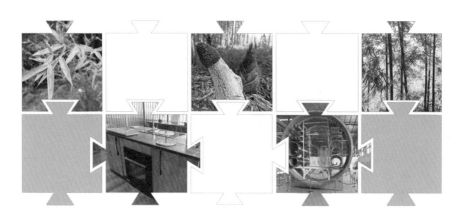

中国农业科学技术出版社

图书在版编目（CIP）数据

竹资源高效培育与加工利用新技术 / 中国农村技术开发中心编著 . -- 北京：中国农业科学技术出版社，2022.8
ISBN 978-7-5116-5855-5

Ⅰ.①竹… Ⅱ.①中… Ⅲ.①竹－栽培技术②竹－加工利用 Ⅳ.① S795

中国版本图书馆 CIP 数据核字（2022）第 138910 号

责任编辑　史咏竹
责任校对　马广洋
责任印制　姜义伟　王思文

出 版 者　中国农业科学技术出版社
　　　　　北京市中关村南大街 12 号　　邮编：100081
电　　话　（010）82105169（编辑室）（010）82109702（发行部）
　　　　　（010）82109709（读者服务部）
网　　址　http：// www.castp.cn
经 销 者　各地新华书店
印 刷 者　北京地大彩印有限公司
开　　本　145 mm×210 mm　1/32
印　　张　4.875
字　　数　127 千字
版　　次　2022 年 8 月第 1 版　2022 年 8 月第 1 次印刷
定　　价　19.80 元

《竹资源高效培育与加工利用新技术》

编著委员会

前 言

"十三五"国家重点研发计划"林业资源培育及高效利用技术创新"重点专项（以下简称林业专项）是农业领域首批启动的重点专项之一。林业专项围绕我国当前林业资源培育和利用所面临的重大需求，以提高人工林生产力和资源加工利用水平为目标，按照主要人工林高效培育和加工利用基础研究、关键技术研究和集成示范"全链条设计"、一体化实施的思路，布局项目26个，投入总经费8.32亿元。

其中竹资源高效培育与加工利用领域围绕竹资源利用全产业链，以提值增效为主线，部署了"竹资源全产业链增值增效技术集成与示范""竹材高值化加工关键技术创新研究""竹资源高效培育关键技术研究"3个项目，开展竹种苗高效繁育、竹林规模化培育、竹材高值化连续化加工等关键技术研究。

"十三五"收官之际，为将已经获得第三方成果评价和新产品鉴定的最新科技成果及时向社会发布，支撑行业发展和地方需求，助力国家乡村振兴战略实施，中国农村技术开发中心组织林业专项总体专家组，国际竹藤中心等相关项目牵头单位和参加单位，在各主要成果完成人的大力配合下，从竹种选育与高效繁殖技术、竹资源高效培育技术和竹材加工与综合利用技术3个方面，优选出新技术、新产品、新装置和优良竹种等56项成果。希望这些成果能够对促进我国竹产业发展提供有效科技支撑。

编著者

2022 年 8 月

目 录

CONTENTS

第一篇　竹种选育与高效繁殖技术

1

第二篇　竹资源高效培育技术

第三篇　竹材加工与综合利用技术

第一篇
竹种选育与高效繁殖技术

第一章　优良种源和新品种选育

沧源巨龙竹优良种源

选育背景

沧源巨龙竹优良种源（编号：云 R-SP-DS-056-2019），种源径级特大、材质优良，可做建材、大型整竹工艺品，是竹质人造板和竹浆造纸的优质原料；其笋味略苦不宜鲜食，漂洗蒸煮后亦可食用。在全面调查的基础上，将本优良种源繁殖材料在云南省临沧市沧源佤族自治县（以下简称沧源县）班洪乡南板村（班独、下吉里）、班洪乡芒库村（大寨、上嘎嘎）、班老乡营盘村、勐角乡勐甘村等地进行培育试验约 315 亩[①]，繁殖育苗 5 000 余株，选育出沧源优良种源。

种源特征与指标

巨龙竹为特大型合轴丛生竹类，所筛选的优良种源秆高 20 ～ 35 m，直径可达 26 ～ 28 cm，最粗可达 30 cm；6 月末至 7 月初开始发笋，9 月中上旬结束，发笋历期 70 ～ 80 d，发笋集中在 7 月中下旬至 8 月中上旬。定位观测点竹丛发笋量平均 8 ～ 12 头 / 丛，发笋率平均为 68.1%，成竹率平均 66.6%。竹林地每丛 15 ～ 25 秆，最多为 110 秆以上，竹丛度 6 ～ 8 丛 / 亩；直径 10 ～ 18 cm 竹秆平均秆重 97 kg/ 秆，直径 18 ～ 28 cm 竹秆平均秆重 171 kg/ 秆；平均蓄积量 16 080 kg/ 亩。

---

① 　1 亩 ≈ 667 m²，全书同。

巨龙竹

巨龙竹竹笋

推广应用适生区与前景

　　沧源县是巨龙竹最为集中和生长良好的地区。根据选育试验结果，划定巨龙竹优良林分总面积 315 亩，集中分布于沧源县班洪、班老、勐角等乡镇，海拔 900 ～ 1 500 m，年均温不低于 17℃，年降水量不低于 1 200 mm，10℃以上年活动积温大于 6 000℃的相似地区适宜种植。

成果来源："竹资源高效培育关键技术研究"项目

联系单位：西南林业大学竹藤科学研究院

通信地址：云南省昆明市白龙寺 300 号

联 系 人：刘蔚漪

电　　话：13759490889

电子邮箱：weiyiliu651@qq.com

箭竹属新品种云鲜 1 号

选育背景

云南箭竹又叫香笋竹，是我国西南山区优良的高山笋用竹，具有耐旱、耐寒，竹笋品质好等特点，但缺乏优质品种的筛选与培育。项目以云南省大理白族自治州宾川县的云南箭竹的母竹为亲本，连续移栽至昆明市晋宁区城郊采取引种栽培及埋秆无性繁育等方法培育，并通过 4～5 代的无性繁育，选育出性状具有特异性、稳定性与一致性等特点的云鲜 1 号。2019 年，获得国家植物新品种保护权（品种权号：20190219）。

新品种特征与指标

该品种具有竹笋个体大、竹材材茎粗、笋壳刺毛少等特点。其发笋期在 10 月，竹笋笋壳一直保持鲜黄色，紫色条纹较少，笋箨刺毛也很少，竹笋直径达到 5 cm 以上，竹笋口感细腻，产量达到 800 kg/ 亩以上，具有广阔的市场前景。

云鲜 1 号竹笋

云鲜 1 号幼秆

推广应用适生区与前景

该品种适生范围较广，北纬 24°13′～28°58′。从四川省西南部至云南省大部分地区均可栽培种植，适生海拔高度范围 1 500～2 500 m，滇东北昭通一带低海拔区域可种植，在滇南、滇西南等南亚热带季风区，旱季需要多浇水。该品种种植区域最冷月的平均气温要大于 4.2℃，年平均气温要介于 17～20℃，年极端低温不能低于 -10℃，年降水量 560～1 600 mm，平均为 1 055 mm，10℃以上的年积温不低于 3 788℃，年平均有霜日数不能多于 123 d，在引种和推广该品种时需考虑上述气候因素。该品种竹笋品质优良，观赏价值高，具有较高的市场应用前景，既可以作为笋用林推广，也可用于园林景观。

成果来源："竹资源高效培育关键技术研究"项目

联系单位：西南林业大学

通信地址：云南省昆明市盘龙区白龙寺 300 号

联 系 人：王曙光

电　　话：13608874173

电子邮箱：stevenwang1979@126.com

牡竹属新品种曼歇 1 号

选育背景

勃氏甜龙竹是优良笋材两用竹。在云南省普洱市发现勃氏甜龙竹的天然变异竹株，通过对天然变异竹株进行长期选育，培育出性状具有特异性、稳定性与一致性等特点的新品种曼歇 1 号。2021 年，获国家植物新品种保护权（品种权号：20210472）。

新品种特征与指标

该品种为大型丛生竹，亦为优良的笋材两用竹，尤以竹笋品质好，口感佳，甜、脆、鲜，富含人体所需的 18 种氨基酸、维生素和膳食纤维。秆高 15～20 m，直径 10～16 cm，梢端微下垂；节间长 35～55 cm；秆壁厚 2.5～3.0 cm；节内及箨环下方均具一圈灰白色或棕色绒毛环；秆 2 m 以下具气生根；箨鞘早落、革质，笋期箨鞘灰绿色；箨舌高约 1.5 cm，上缘深齿裂；叶鞘背面及边缘具棕色小刺毛；笋期 5—10 月。与勃氏甜龙竹相比，秆形更加高大、粗壮，产笋量高，经丰产栽培，产笋量可达 800～1 200 kg/ 亩。

推广应用适生区与前景

该品种适生范围较广，北纬 21°08′～24°50′、东经 99°09′～102°19′。重庆、广东、广西[①] 等相似气候区皆可栽植，已在云南

---

① 广西壮族自治区，全书简称广西。

普洱思茅区曼歇坝普洱亚洲竹藤博览园建立了曼歇1号新品种繁殖圃500亩。该品种适生地区年均气温10～20℃,1月平均气温5～11℃,7月平均气温24～28℃,极端最高气温低于38℃,极端最低气温高于0℃,年均降水量1 100～2 000 mm,年均相对湿度70%以上;要求土层深厚、疏松、肥沃的沙质土壤,中性至微酸性(pH值5.5～7.0),坡度10°～30°为宜。近年,已引种到北京进行设施栽培,为北方地区提供优质鲜竹笋,应用前景广阔,将成为适宜栽培区域优质笋用林的最佳竹种之一。

曼歇1号

收获的竹笋

竹笋切片

曼歇1号竹笋

成果来源:"竹资源高效培育关键技术研究"项目

联系单位: 国际竹藤中心,普洱亚洲竹藤博览园科技有限公司

通信地址: 北京市朝阳区阜通东大街8号

联 系 人: 高健

电　　话: 18201086695

电子邮箱: gaojian@icbr.ac.cn

刚竹属新品种金丝龙鳞

选育背景

刚竹属竹种形成的竹林占我国竹林面积最大，分布北缘，但长期以来优质品种的筛选与培育较少。通过对资源的长期人工选育，培育出性状具有特异性、稳定性与一致性等特点的新品种金丝龙鳞。2021年获国家植物新品种保护权（品种权号：20210716）。

新品种特征与指标

该品种为稀有珍贵观赏竹种，大型散生竹。秆直立，粗大，表面黄绿条纹相间，秆基部数节或中下部十几节节部连续交互歪斜，成不规则相连的龟甲状，基部的节更明显。交互歪斜的龟甲状（又似龙鳞状）的节片上有较为均匀的黄色丝状、线状或条状纵条纹将绿色分隔，形成黄绿色条纹，黄绿色条纹上下节衔接或不衔接，条纹在上下节有宽窄变化，或宽或细，但宽度不至于形成块状或片状，皆成玲珑曲线，凹凸有致，枝条上也有黄绿色细条纹。笋期4—5月。耐寒性较强。

推广应用适生区与前景

该品种适生范围较广，长江中下游、秦岭—淮河以南，南岭以北皆可栽植。喜温暖湿润的气候，一般年平均温度为12～22℃，1月平均气温一般为 −10～ −5℃，极端最低气温可达 −17℃，年降水

金丝龙鳞幼秆

量 1 000 ～ 2 000 mm；海拔 600 m 以下；要求土层深厚、疏松、肥沃的沙质土壤，中性至微酸性（pH 值 5.5 ～ 7.0），便于排灌。该品种观赏价值极高，新、奇、特皆具，秆色、秆形尤其独特，独株成景，可用于高档盆景。栽植方式多样，或与山石、或与植物配置，应用前景广阔。

成果来源：“竹资源高效培育关键技术研究”项目

联系单位：国际竹藤中心，扬州大禹风景竹园

通信地址：北京市朝阳区阜通东大街 8 号

联 系 人：高健

电　　话：18201086695

电子邮箱：gaojian@icbr.ac.cn

特色经济竹种抗寒性鉴定筛选技术

成果背景

针对竹类植物抗寒性状研究薄弱、优良抗性竹子资源有限、抗性评价体系缺乏等问题，开展了重要经济与特色竹种的抗寒性状评价与鉴定技术研究，收集了优良竹子种质资源，分析了抗寒性差异，系统评价了各类抗寒指标，创新性构建了竹子抗寒性评价鉴定技术体系，筛选出优良抗寒竹种，致力于突破竹资源高效培育中的抗寒性状早期评价的技术瓶颈。

技术要点与成效

2018—2020 年，通过对自然越冬期内近百种散生竹、丛生竹形态、笋期生长规律、叶绿素荧光指标、冻害指标等测定分析，采用主成分分析法，提取出散生竹抗寒性精准量化指标保存率、平均鞭长、最远鞭长、光合荧光效率、满园比例、耐冻比例，丛生竹抗寒性精准量化指标保存率、光合荧光效率、满园比例、耐冻比例。结合隶属函数法对抗寒性竹子资源进行综合评价，依据抗寒性综合评价，D 值大于 0.75 定义为抗寒竹种，D 值为 0.5 ～ 0.75 定义为中等抗寒竹种，D 值小于 0.5 定义为不耐寒竹种，构建抗寒鉴定技术体系，筛选出金镶玉竹、罗汉竹、黄槽竹、黄杆乌哺鸡竹、黄纹竹、红哺鸡竹、美竹等抗寒竹种，可推广到自然极端低温 –20℃的地区。

应用效果和推广前景

该技术已在安徽、浙江、云南、北京等试验点应用和示范推广，累计面积4.2万亩，"十三五"期间培训技术人员和项目区农户合计1 120人次，带动农户4 860户，实现新增产值8.6亿元，取得了较好的社会效益。

该技术对于促进栽培竹种的科学筛选，实现竹林增产与竹农增收具有重要意义，筛选出的优良抗寒竹种尤其为北方地区栽培竹种，山东、陕西等省竹推广区产业结构调整、优化与升级等提供依据。

成果来源："竹资源高效培育关键技术研究"项目

联系单位：安徽省林业科学研究院，广德市林业科学研究所

通信地址：安徽省合肥市蜀山区安徽省林业科学研究院

联　系　人：曹志华

电　　　话：18055131903

电子邮箱：308457017@qq.com

第二章 高效繁育技术

慈竹林下观赏草景观化育苗技术

成果背景

针对我国西南丛生竹分布区农村劳动力现状，探索一套劳动力强度需求较低，可在较短时间内发挥效益的竹草立体复合高值化经营模式，探索现有营林水平下，丛生竹林下成片空地直接用于容器无土育苗的相关技术。慈竹林下观赏草景观化育苗技术通过林下空地的开发利用，以景观化育苗的物质产出、环境提质促进竹旅增值，综合提升土地资源的单位面积价值，丰富竹林产品类型。

技术要点与成效

（1）根据光照和植株高度配置 1～3 种观赏草，低光照条件配置鸢尾，中光照配置鸢尾 + 金叶过路黄，强光照配置蓝花丹 + 鸢尾 + 金叶过路黄。达到观赏草配置高低错落，竹林下四季有色。

（2）栽植时间 3—4 月和 10—11 月为佳；3—10 月每月各除草一次，3 月、7 月、9 月、11 月各施肥一次。主要的康养景观、民宿等节点，或景观界面（康养步道），采用地栽；其他区域采用无土容器育苗，按照各观赏草出圃标准适时采收。

应用效果和推广前景

项目建成竹草高值化利用示范林 200 亩，实现示范林每亩竹材增产 0.37 t，按竹材单价 550 元 /t 计算，销售额增加 4 万元；产出观赏草种苗约 49 万株，种苗销售约 70.09 万元，合计新增销售额 74.09

慈竹林下种植观赏草

万元，新增利润约 26.2 万元。慈竹林下培育观赏草种苗技术实现竹林综合收益提高 20% 以上，带动了当地乡村旅游和竹林民宿的发展。

该技术适于西南慈竹林分布区，竹林下光合有效辐射强度不低于 15.18 μmol/（m² · s）、光照时间不低于 4 h、总光量子数不低于 80 mol/d、面积不少于 300 m² 的区域可作为育苗地。适于地被、草本和小灌木类。

成果来源："竹资源高效培育关键技术研究"项目

联系单位：四川农业大学

通信地址：四川省成都市温江区惠民路 211 号

联 系 人：高素萍

电　　话：18708131364

电子邮箱：583475828@qq.com

丛生竹高效繁育工厂化育苗技术

成果背景

丛生竹是重要的纸浆、笋用竹种。目前，丛生竹在规模繁育方面常采用枝条扦插、母竹分株等传统方式，需要大量繁殖材料，这对繁殖材料稀少的优良品种来说，无法适应规模化、产业化发展需求。组培快繁、全光照喷雾扦插等育苗技术是解决丛生竹良种快速繁殖的重要手段。因此急需创新、发展原有组培技术体系，解决成年竹组培过程中褐化及生根率低的问题，并通过全光照喷雾扦插技术的研发解决丛生竹在夏季扦插成活率低、竹苗质量差的关键问题，实现优良丛生竹种苗工厂化生产，为我国竹产业可持续发展提供种苗技术支撑。

技术要点与成效

1.成年丛生竹组培快繁高效育苗技术

通过创新、发展原有组培技术体系，优化了麻竹、绿竹、花吊丝竹等的成年竹组培快繁关键技术，主要技术要点包括丛芽诱导、继代培养、生根技术等，创新提出了固体—液体培养基交替培养模式、二次诱导生根技术，使组培苗年繁殖系数提高到20，生根率大于80%，移栽成活率大于90%。

优良丛生竹组培快繁育苗技术模式

技术环节	创新优化技术
丛芽诱导	35～38℃高温诱导；诱导培养基为 3/4MS+6–BA 2.0 mg/L+ KT 2.0 mg/L+ CW 50 mL/L
继代培养	采用植物凝胶培养基或固体—液体交替培养基，培养基配方为 3/4MS+6–BA 2.0 mg/L+KT 0.5 mg/L+CW 50 mL/L+维生素 C（100～300 mg/L）+ 还原性谷胱甘肽（50～200 mg/L），连续培养 25 d 后无基部褐化与叶片黄化现象
生根培养	二次生根技术（生根培养 10 d，继代培养 15 d，再生根培养），生根培养基配方为 1/3MS+ IBA 4.5 mg/L +NAA 3 mg/L，生根率 80%～89%
工厂化组培优化	晚上光照，白天关闭；空调设置温度 30℃（冬季利用光照系统发热，减少空调运行）；自来水（煮沸过滤）+卡拉胶+植物凝胶培养基；每苗生产成本 3.5～4.0 元
移栽后培养	优化出绿竹苗期的培育关键技术方案（以规格为 Φ25 cm 的无纺布容器，基质种类为泥炭：珍珠岩：谷壳 =7:2:1，以及施加有机肥 200 g/盆育苗效果较好）；绿竹容器苗生长量较原技术提高 50% 以上

2. 夏季全光照喷雾扦插育苗技术

丛生竹全光照喷雾扦插繁殖方法以纯珍珠岩做基质，通过全光照喷雾带叶枝扦插繁殖，是实现丛生竹规模化快繁的一种有效途径，具有生根迅速、成活率高、穗条来源丰富等优点。主要技术要点包括搭建纯珍珠岩为基质的苗床，布设全自动时控喷雾装置，扦插材料的选取及预处理方式，扦插方式及喷雾间隔控制等。

优良丛生竹全光照喷雾扦插育苗技术模式

技术环节	全光照喷雾扦插技术
育苗设施	全光照大棚或露天苗床 +100% 珍珠岩；全自动时控喷雾
育苗技术	在 6 月下旬至 7 月上旬，选择带叶枝条作为扦插材料，不需要对扦插材料的叶片进行大量修剪，减少了对扦插材料的损坏，枝条生根时间可缩短 15～20 d，竹苗生根率 >83.6%

续表

技术环节	全光照喷雾扦插技术
育苗质量	本方法可保留扦插材料上的大部分叶片，利用自然光促进叶片光合作用，产生内源激素刺激竹篼生根，且生长健壮、根系较为粗壮，萌发新竹株数量较多，竹苗质量显著提高

应用效果和推广前景

在永安林业股份公司种苗中心建立了 1 条年生产能力达到 20 万株竹组培苗的生产线，实现了优良丛生竹种苗的工厂化生产。丛生竹组培快繁与全光照喷雾扦插方法相结合，可以实现工厂化周年育苗，解决了传统育苗方式需大量繁殖材料、繁殖系数低、育苗质量不高等问题。全光照喷雾扦插方法还可实现一种半自动化控制的扦插繁育技术，后期养护便于管理，明显加快了扦插材料的生根速度。已在浙江省杭州市富阳区、福建省三明市永安市、重庆市涪陵区等地进行示范应用，大大降低了竹苗生产成本、缩短了出苗时间，且竹苗生长健壮，造林成活率高。

该技术适合于优良丛生竹种进行快速扩繁和大面积发展丛生竹资源的地区应用，对扩大我国中亚热带和北亚热带地区，特别是西南地区的丛生竹资源，促进竹产业可持续发展具有重要的技术支撑作用。

成果来源："竹资源全产业链增值增效技术集成与示范"项目

联系单位：中国林业科学研究院亚热带林业研究所

通信地址：浙江省杭州市富阳区大桥路 73 号

联 系 人：谢锦忠

电　　话：0571-63346004，13868141030

电子邮箱：jzhxie@163.net

竹苗室内全天候高效繁殖装置和技术

成果背景

　　针对现有竹子实生苗培育方法受季节限制、固体基质与营养土混合培养法和种子袋培养法存在不足等问题，研发了竹苗室内全天候高效繁殖装置和技术，实现全年全天候实生苗培育。

技术要点与成效

　　（1）建立了具有简单实用、高效和适用性广特征的竹子实生苗培育系统，研发了竹子实生苗室内设施培育装置，包括水培定植管道模块、定时水循环控制模块、泵水与增氧模块、培养液回收与储存模块。水培定植管道模块主体为外壁含特殊涂层的定制管道；定时水循环控制模块主体为循环定时继电器。

　　（2）与原有技术相比，土地使用面积减少了 1/3～1/2，降低了繁殖的人工成本和土地成本，单位体积繁殖效率提高 3～5 倍，实现了全年全天候实生苗培育。

应用效果和推广前景

　　该技术为实现规模化标准化竹苗生产提供了装置和技术，室内满足电力、温度、光照和湿度要求即可，能获得种子的竹类植物室内育苗皆可使用。因设计装置模块化，育苗可根据需要进行单排或多排放置，便于集约化管理。单批育苗量大，减少了人工成本，有效提高了生产效率、降低了竹苗培育成本。该技术已在北京、安徽、

毛竹实生苗的室内水培

山东等地进行示范应用。对于促进竹子实生苗的科学生产，实现竹业增效与竹农增收具有重要的现实意义。

成果来源："竹资源全产业链增值增效技术集成与示范"项目
联系单位：国际竹藤中心
通信地址：北京市朝阳区阜通东大街 8 号
联 系 人：高健
电　　话：18201086695
电子邮箱：gaojian@icbr.ac.cn

第二篇
竹资源高效培育技术

第三章　竹林培育技术

毛竹林水肥一体化管理技术

成果背景

养分和水分高效管理是毛竹林丰产培育与可持续发展的基础，由于肥料施用不合理、水分供给不均衡等问题，导致竹林土壤环境遭受潜在威胁，竹林的产量和质量不能得到有效保证。同时，劳动力资源紧缺造成经营成本不断上升，严重制约了竹产业的效益提高和转型升级。因此，亟须基于毛竹需水需肥特性，针对毛竹林培育中存在的水肥管理水平落后和经营成本上升等问题，建立毛竹林水肥一体化管理技术，为竹林高效培育和竹产业高质量发展提供支撑。

技术要点与成效

（1）按平行等高线布置末端支管，喷头布置间距 8 ～ 10 m。

（2）选用适宜的水溶性肥料施肥；普通立地条件毛竹林全年施肥总用量为含 N 量 9 ～ 12 kg/ 亩、含 P_2O_5 量 2 ～ 3 kg/ 亩和含 K_2O 量 10 ～ 13 kg/ 亩。

（3）在 2—3 月、5—6 月和 9 月进行水肥一体施肥，每阶段施肥量占全年总量比例为 20%、40% 和 40%；全年喷灌施肥 9 ～ 12 次，一般间隔 7 d 左右随水追肥 1 次，每次施肥量 3 ～ 8 kg；在毛竹行鞭和孕笋阶段，连续高温干旱 10 d 以上需要开始灌溉，灌溉遵循"少浇勤浇"的原则，灌溉下限控制在田间持水量的 55% ～ 65%，上限控制在 85% ～ 95%，灌溉湿润深度在 20 cm 左右。

（4）通过对林分密度（160～200株/亩）以及年龄结构（Ⅰ度：Ⅱ度：Ⅲ度：Ⅳ度＝3：3：3：1）的合理调控，实现林分地上空间结构达到最佳。

该技术解决了竹林水肥管理中水分供给不均衡、肥料利用率偏低、劳动生产率低和大规模推广应用困难等问题，较传统施肥方式节约肥料35.86%，节省劳动力成本40%，竹林生产力提高37.45%，实现了毛竹林省力、节肥、增产和高效目标。

智能水肥一体机　　　　　　　毛竹水肥一体化示范林

应用效果和推广前景

该技术已在江西瑞金、资溪、崇义等地推广应用3 500亩，每亩节约肥料和施肥劳动力成本100元，增加产值1 100元。该成果的应用转变了林农的竹林经营理念，减少了竹林水肥管理水平落后带来的环境负荷，有效提高了竹林生产力和肥料利用率，改善了林地环境，增加了竹农收入，对支撑和推进毛竹产业高质量发展具有十分重要的现实意义。

该技术适合我国毛竹产区水源充足、规模化生产和集约化经营的毛竹林。

成果来源："竹资源高效培育关键技术研究"项目

联系单位：江西省林业科学院

通信地址：江西省南昌经济技术开发区枫林大道 1629 号

联 系 人：余林

电 话：15279191954

电子邮箱：yulin0417@163.com

竹节促增长技术

成果背景

　　竹节促增长技术可为科学调控竹林经营提供创新技术。为满足提高竹材出材率、增加竹节长度的需求,研发了节间长度促增长技术,筛选了适合的生长促进剂,创新了施用方法,获得了施用后田间毛竹林的竹节长度和竹秆高度变化的竹株,满足了竹产业发展对于优质原料的需求。

技术要点与成效

　　(1)筛选出合适的生长促进剂种类:生长素、赤霉素。

　　(2)在野外田间毛竹林春笋发育早期,向竹笋的中下部加压注射生长促进剂。

　　(3)在适当的压强下,毛竹竹笋进行生长促进剂的加压注射,即能保证生长促进剂渗入到毛竹茎秆腔中,又减少了毛竹茎秆损伤。

　　(4)生长促进剂适合的浓度范围为 12 ~ 20 μmol/L 生长素、190 ~ 220 μmol/L 赤霉素。

　　(5)施用生长促进剂可分 3 ~ 5 次进行,每次间隔 2 ~ 3 d。

　　(6)60% 以上的竹节节长增加,长度增加 3 ~ 8 cm。

外源激素处理下竹秆高度的变化

外源激素处理下竹节长度的变化

应用效果和推广前景

该技术瞄准现代竹产业发展中竹材加工对竹节长度的需求，定向培育长竹节的竹子，提高出材率，提供高规格的优质竹材。已在安徽、湖北和湖南示范应用 16 000 亩，产生了良好的经济收益。生产出了节长超过 40 cm 的竹节，为新型的展平竹的自动化生产和品质更为优异的竹产品制造提供了材料，提高了出材率。

该技术适合我国毛竹材用林集约化生产的地区，提高了毛竹长竹节的培育水平，缓解了市场对竹节长度有特殊要求的资源需求，对推进产地竹产业的转型升级具有十分重要的现实意义。

成果来源："竹资源高效培育关键技术研究"项目
联系单位：国际竹藤中心
通信地址：北京市朝阳区望京阜通东大街 8 号
联 系 人：高健
电　　话：18201086695
电子邮箱：gaojian@icbr.ac.cn

巨龙竹规模化高效培育技术

成果背景

　　巨龙竹为禾本科竹亚科牡竹属合轴丛生竹种，是迄今发现的最大竹类植物，竹株直径可达 30 cm 以上、高度在 30 m 以上，被誉为"竹中之王"。该竹种也是我国西南地区特有珍稀竹种，是当地居民的民族图腾，可用其盖房、建桥、做家具等，具有巨大的生态价值、社会文化价值和潜在经济价值。针对巨龙竹资源分散、种源良莠不齐、经营管理粗放、资源培育和经营成本高、技术落后等问题，通过散点栽培、集中管理、精准施肥和林地管理等技术研究，实现巨龙竹规模化经营与示范。

技术要点与成效

　　（1）施肥。冬末春初进行，一年 1 次，有机肥施用量 120 kg/ 丛。

　　（2）浇水。旱季每周浇水 1 次。

　　（3）密度调控。留竹密度为 25 株 / 丛。

　　（4）年龄结构调控。伐除 5 年以上老竹，竹丛年龄结构为 1 年：2 年：3 年：4 年 =3：3：2：2。

应用效果和推广前景

　　在云南沧源县班洪乡建立巨龙竹高效培育试验示范林 100 亩，优良种源巨龙竹示范林 300 亩，试验林培育出的特大型特殊用材，其最大销售额可达 4 853 元 / 亩，产值提高 4 426 元 / 亩（增幅为 10

倍），最大利润可达 4 238 元 / 亩（增幅为 14 倍）。

该技术可在云南省耿马、沧源、西盟、孟连、澜沧、勐海、勐腊等地海拔 600 ～ 1 800 m 的局部地区应用，大都分布在低中山平坝和河谷地带，分布范围大致介于东经 98° 50′ ～ 101° 40′，北纬 21° 00′ ～ 23° 40′，在背风、土质疏松的砂壤中生长最好。在项目的推广示范作用下，有效提升了区域林业基层人员科技水平，改善了我国大型丛生竹经营技术落后的局面，加速了大型丛生竹培育技术由低端、粗放向省力、高效转型，成果具有良好的社会、生态和经济效益，利于促进西南地区大型丛生竹产业水平和综合效益的全面提升。

巨龙竹

成果来源：	"竹资源高效培育关键技术研究"项目
联系单位：	西南林业大学竹藤科学研究院
通信地址：	云南省昆明市白龙寺 300 号
联 系 人：	刘蔚漪
电　　话：	13759490889
电子邮箱：	weiyiliu651@qq.com

带状或丛状采伐竹林培育技术

成果背景

目前传统竹林择伐作业模式存在用工量大、作业困难、采伐成本高等问题，该技术以毛竹、硬头黄竹和龙竹等典型竹种为研究对象，通过创新竹林采收模式、明确作业方法、施肥促进竹林恢复，实现材用竹林高效培育，为材用竹林机械化采伐奠定培育理论与技术基础。

技术要点与成效

（1）毛竹小年冬季至翌年1月实施带状采伐，采伐宽度为6～9 m，以6年为轮伐周期，伐后4年林分立竹密度和平均胸径恢复到伐前水平。

（2）龙竹初冬采伐，1/2丛采伐，垂直等高线半幅砍伐，伐后3年胸径和生物量可恢复，伐后施用复合肥（5 kg/丛）促进更新，雨季前后各一次。

（3）硬头黄竹秋冬季半丛采伐2年、全丛采伐3～4年可恢复至伐前水平，施用氮磷钾配比为5∶2∶1的肥料促进更新，施肥量为0.8～1.0 kg/丛。

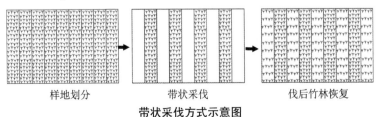

样地划分　　　　带状采伐　　　　伐后竹林恢复

带状采伐方式示意图

半丛采伐　　　　1/3丛采伐　　　　全丛采伐

丛状采伐方式示意图

应用效果和推广前景

　　毛竹带状采伐技术已在江苏省宜兴市、安徽省黄山市、福建省永安市进行推广示范，一个利用周期平均每亩节约成本 733 元，收益提高 1 193 元，累积辐射面积 1.7 万亩；硬头黄竹丛状采伐技术已在四川省宜宾市长宁县推广示范，收益提高 27%，累积辐射面积 1.2 万亩；龙竹丛状采伐技术已在云南省临沧市沧源佤族自治县建立试验林 100 亩，3 年净收益 533 元 / 亩，净收益提高 29%。带状或丛状采伐技术操作简单、省时省力，减少了采伐人力成本，便于笋材收集运输，有效地提高了生产效率、降低了资源培育成本。

　　带状或丛状采伐竹林培育技术适合福建、湖南、湖北、江西、江苏、四川、贵州、广西、云南等毛竹、硬头黄竹和龙竹主要分布区。该技术的推广应用对提高竹资源培育机械化水平、促进竹产业转型升级、保障资源供给具有十分重要的现实意义。

成果来源：	"竹资源高效培育关键技术研究"项目
联系单位：	国际竹藤中心
通信地址：	北京市朝阳区望京阜通东大街 8 号
联 系 人：	官凤英
电　　话：	13671040710
电子邮箱：	guanfengying@icbr.ac.cn

毛竹春笋冬出高效培育技术

成果背景

　　毛竹是我国主要经济竹种，是竹农经济收入的主要来源。毛竹出笋期一般在 3 月下旬至 4 月中旬，出笋期集中、笋期短，大量的鲜笋在短期内上市导致鲜笋销售困难、笋价较低，竹笋增产不增收，严重影响了毛竹林的经济效益。毛竹春笋冬出高效培育技术从根本上解决了春季鲜笋销售难和销售价格低等毛竹产业发展中的瓶颈问题。

技术要点与成效

　　创新集成了毛竹春笋冬出高效培育技术，摸清了毛竹笋用林笋芽萌发的营养机理和激素机理，揭示了立竹叶片养分再吸收规律和矿质元素再分配规律，明确了春笋冬出毛竹林土壤温度、水分、养分精准管理要求，毛竹春笋始笋期精准调控到春节前 10 ～ 15 d，延长竹笋出笋期，示范林竹笋年均产量 1 966 kg/ 亩，产值达 22 102 元 / 亩，比常规经营提高 334%。

毛竹春笋冬出高效栽培技术

主要技术	时间	技术要点
林分结构调整	9—12 月	科学留养笋竹和合理采伐，立竹分布均匀，密度 160 ～ 180 株 / 亩，立竹 1 度竹 :2 度竹 :3 度竹 =1:1:1，母竹胸径以 8 ～ 10 cm 为好
土壤管理	6 月、10 月	每年 6 月深翻林地 20 ～ 30 cm；10 月覆盖前结合施有机肥，松土 10 ～ 15 cm

续表

主要技术	时间	技术要点
施肥管理	1—2月、6月、9月、11—12月	1—2月,施笋穴肥(挖笋时,笋穴内施尿素25 g/穴);6月,施笋后肥(复合肥50 kg/亩,撒施,结合林地深翻一并翻入土中);9月,施孕笋肥(撒施复合肥100 kg/亩);11—12月,施覆盖肥(覆盖前,撒施未发酵有机肥1~2 t/亩和复合肥50 kg/亩)
水分管理	7—9月、11—12月	7—9月,遇到干旱天气时及时灌溉;11—12月,覆盖前灌溉林地,以浇透为准
竹林覆盖	11—12月	覆盖前,先施覆盖肥,再铺设覆盖物,底层覆盖稻草或竹叶10~15 cm,上层覆盖砻糠20~25 cm。覆盖后使地表温度保持16~20℃
竹笋采收	1—4月	覆盖后,当竹笋即将露出覆盖物时,及时进行采收。扒开覆盖物,用锄或撬将笋整株挖起,并回填覆盖物。春笋自然出笋结束后,移去覆盖物
病虫害防治	1—12月	预防为主,科学防控,综合治理。以营林措施为主,提倡生物防治

施覆盖肥

铺稻草

盖砻糠

覆盖后

应用效果和推广前景

　　成果已在浙江省湖州市吴兴区、安吉县与长兴县，绍兴市嵊州市，衢州市衢江区，以及安徽省宣城市广德市等地推广应用，2016—2020 年累计推广 4 244 亩，新增总产值 7 482 万元。成果的应用，有效解决了出笋期集中、笋期短等瓶颈问题，提高了竹笋产量和经济效益，同时，推动了竹产业转型升级，扩大了当地农民的就业渠道，为农户增收和地方经济发展做出了积极贡献，有力地支撑了乡村振兴和精准扶贫，社会效益显著。

　　该成果可广泛应用于全国毛竹主产区。对于我国竹产业向资源节约和高附加值方向发展，提升竹产业科技含量，具有积极的推动作用。

成果来源："竹资源全产业链增值增效技术集成与示范"项目
联系单位：浙江省林业科学研究院
通信地址：浙江省杭州市西湖区留和路 399 号
联 系 人：李琴
电　　话：0571-87798213
电子邮箱：673343742@qq.com

雷竹林高质高效精准管理关键技术

成果背景

雷竹出笋早、产量高、笋味鲜、成林快、效益好，特别是林地覆盖竹笋早出技术的广泛应用，使竹林效益倍增，已成为笋竹业的一大亮点。然而，长期林地覆盖强度集约经营，特别是化肥与农药的过量施用、病虫害及自然灾害频发等已对雷竹林立地生产力、竹笋品质和抗逆能力产生了严重的不良影响，导致竹林退化、土壤劣变和品质下降。因此依托项目，提出了雷竹林高质高效精准管理关键技术。

技术要点与成效

（1）针对雷竹偏氮的需肥特性与养分生理整合规律，集成了氮磷钾养分配比 $[N:P_2O_5:K_2O=（3\sim5）:1:2]$、氮素形态配比（$NH_4^+$–$N:NO_3^-$–$N=1:2$）和2年生立竹定位穴施法的雷竹林减量化施肥技术，实现施肥量减少 $30\%\sim40\%$，利用率提高 50% 左右。

（2）探索了雷竹林水分需求特性、敏感性特征，提出了基于叶绿色光谱的雷竹水分状况无损快速诊断方法。

（3）集成了加客土、施用保水剂、科学钩梢等高温干旱灾前预防措施，林地灌溉、浅层有机材料覆盖、施抗蒸腾剂等高温干旱灾中减损措施，受损立竹处理、新竹留养和科学施肥等高温干旱灾后恢复措施，以及开沟排水、受损立竹处理、新竹留养、施肥等水涝灾害防控措施，形成了系列雷竹林水分管理及防灾减损经营技术。

（4）明确了雷竹叶片营养特性与适口性的关系，研发出基于 DNA 条形码的金针虫快速准确鉴定技术，研制出雷竹林金针虫高效精准引诱剂，集成了高效引诱、定点毒杀、生物防治等雷竹林金针虫高效防治技术，防治效果达 85% 以上，施药量下降 50%。

人工采挖雷竹笋　　　　　　　雷竹林加客土和施肥现场

应用效果和推广前景

该技术已在我国雷竹产区规模化推广应用，建立示范林 1.2 万亩。示范林竹笋产量达到 1 547 kg/ 亩，实现增产 25%；年产值达到 7 540 元 / 亩，增加了 20%；综合效益提升 16%。举办技术培训 23 期，受训人员 1 200 多人次，发放培训资料 1 800 余份，在我国雷竹主产区推广辐射 4.78 万亩，经济、生态和社会效益显著。

该技术适用于浙江、福建、江西、重庆、湖北等我国雷竹主产区。技术成果的推广应用，使得雷竹林肥、药施量显著下降，竹林抗逆能力和可持续经营水平显著提高，竹笋产量与品质明显改善，有力地保障了雷竹林环境健康与竹笋安全，对于促进雷竹笋科学生产，实现竹业增效、竹林增产与竹农增收具有重要的现实意义。

成果来源："竹资源全产业链增值增效技术集成与示范"项目

联系单位：中国林业科学研究院亚热带林业研究所，浙江聚贤盛邦农业科技
有限公司，杭州市富阳区农业技术推广中心

通信地址：浙江省杭州市富阳区大桥路 73 号

联 系 人：郭子武

电　　话：0571-63139580，13646717436

电子邮箱：Hunt-panther@163.com

毛金竹低产低效林改造技术模式

成果背景

　　毛金竹是长江流域广泛分布的优良笋用和鞭用竹种，具有分布广、耐寒、耐瘠薄等特点，是良好的乡土经济竹种。其竹笋具有高纤低脂、笋味鲜美、营养丰富等特点，受到江浙地区和北方消费者的青睐。其竹鞭光滑圆润、色泽典雅、外形古朴，是竹工艺品的良好原料。由于我国野生毛金竹林大部分仍处于粗放经营状态，经济效益不高，因此依托项目，提出了毛金竹低产林改造技术模式。

技术要点与成效

　　（1）通过集成创新竹林清理、留笋养竹、立竹密度控制、立竹冠形结构调整等竹林地上结构调控技术，优化毛金竹低产低效林的地上空间结构。

　　林地清理：全面砍伐竹林内的杂草灌木、老竹、病竹、弱竹（地径小于 1.5 cm 或个体获取光照、水热和养分资源较弱势的竹子）及倒伏竹，并清理出竹林。

　　结构调整：按砍老留幼、砍密留疏、砍弱留壮的原则合理疏伐立竹，每亩保留立竹的最佳密度为 900 ～ 1 200 株，立竹地径以 3 ～ 4 cm 为宜。

　　留笋养竹：选留出笋盛期健壮、分布均匀的竹笋用来培育新竹。在林窗和立竹密度较小的地块多留竹笋。每亩每年平均留养新竹 225 ～

300 株。

摇梢：在新竹分枝盘数达到 12 ～ 16 盘、第一盘枝抽枝长度 30 ～ 50 cm、分枝角度在 30° 左右时进行摇梢。

（2）通过研究开沟抬垄、竹林客土、谷壳覆盖等竹林鞭根结构调整技术，促进毛金竹低产低效林的地下鞭根系统更新和笋芽分化。系统构建了毛金竹低产低效林改造技术模式，有效解决了毛金竹低产低效林中普遍存在的立竹结构不合理、鞭根系统老化、竹笋产量低下等问题。

开沟抬垄：在竹林中间隔设置垄和沟，砍除沟中竹林立竹，并进行垦复，垦复深度为 20 cm 左右，在垄上的林地进行客土，厚度为 15 cm。

竹笋采挖：竹笋采挖时机控制在竹笋出土高度为 30 ～ 40 cm。

竹林覆盖试验

开沟抬垄试验

应用效果和推广前景

试验证明，应用该技术模式 1 年后，毛金竹林的竹笋产量由改造前的 73.9 kg/ 亩提高到改造后的 226 kg/ 亩，竹林经济效益由改造前的 443 元 / 亩提高到改造后的 756 元 / 亩，竹林经济效益提高了70.5%。该成果已在湖南省株洲市炎陵县进行示范应用，累计推广面积 300 亩以上，新增产值 150 万元以上，使得毛金竹笋用林竹笋年产量提高 40% 以上，竹笋价格提高 20% 以上，带动了区域笋用竹产业的发展，提高了竹农科学经营笋用竹林的积极性。

该成果适用于长江流域野生毛金竹林的低产林改造和毛金竹笋用林的丰产培育，可以大幅提高野生毛金竹林的竹笋产量、品质和效益，提高毛金竹笋在市场上的竞争力，对促进我国竹笋产业发展具有重要的意义。

成果来源："竹资源全产业链增值增效技术集成与示范"项目

联系单位：湖南省林业科学院，炎陵县林业局，炎陵县到坑楠竹专业合作社

通信地址：湖南省长沙市韶山南路 658 号

联 系 人：艾文胜

电　　话：0731-82056898

电子邮箱：aiwensheng@163.com

金佛山方竹造林与抚育技术

成果背景

金佛山方竹主要分布在贵州省大娄山海拔 1 100 m 以上的山地，秋季出笋，是我国特有的重要经济竹种。由于方竹主要分布于交通落后的西南边缘地区，因此，方竹林多年来缺乏科学的经营管理，一直处于粗放经营阶段，平均竹笋产量不到 100 kg/ 亩。同时，由于长期采取挖母竹造竹的方式，目前大部分方竹林已达到生长周期的边缘，部分出现零星开花死亡，不能满足造林的需求。针对我国方竹属重要经济竹种种苗缺乏、造林周期长、新造林成活率低、产量低下、培育技术落后等问题，开展了方竹属重要经济竹种高效生态培育技术研究，提出了金佛山方竹造林与抚育技术。

技术要点与成效

1. 严把母竹质量关

（1）竹苗年龄：方竹属于秋天出笋，当年新竹不发枝叶。春季新造林母竹宜选用 2 ~ 3 年生秋季发笋形成的竹秆。

（2）母竹大小：尽量选择竹林周边枝下高较低、地径在 1.5 cm 左右的母竹。母竹带枝的高度控制在 1.5 m 以下，留枝 2 ~ 3 盘即可。主枝过长时需要剪去一部分。

（3）土球规格：山地造林要求土球不得小于 30 cm，以确保造林成活率。

（4）实生苗规格：小母竹苗，每丛 3～5 株，秆龄 1～2 年生，最大株地径不低于 0.5 cm，根系完整；起苗后根系打泥浆，确保根系湿润不干枯，有利于提高造林成活率。

1 年生袋装苗：每丛不少于 3 株，苗高不低于 20 cm，营养袋规格为 12 cm×14 cm，布袋带土完整无破损，竹苗木质化程度高，无病虫害。严禁用 1 年生裸根苗造林。

（5）起苗要做到随起随栽。若要长距离运输，起后的苗木需放在阴凉处以防太阳灼伤，运输过程中要严防苗木失水。运输到造林地点后，也要放在阴凉处并进行覆盖并喷水。

2. 新造林地选择

（1）土壤条件：尽量选择土层深厚、土壤肥沃的平缓沟谷、平地，不选瘠薄、干燥的山脊和易积水的地段，并且土壤为 pH 值 5～7 的微酸性黄壤、山地黄棕壤、砂壤土、壤土。

（2）海拔条件：海拔在 1 300 m 以上；在 1 200～1 300 m 的造林地，除满足上述的土壤条件外，必须选择背风、阴湿且不易积水地段。

（3）整地：缓坡及梯田可用挖机进行全面整地，深度不小于 30 cm。15°～25° 的坡地，可沿等高线采用条带状整地，深度同上。大于 25° 的坡地可采用坡改梯或大穴整地。

（4）施用底肥：每穴施用有机肥 1 kg，与碎土混合均匀。

3. 及时复查新造林

春季新造林一周后及时组织复查，对因造林时没有踏实而造成倒伏的竹苗要及时扶正、壅土踏实；对已经出现枝叶枯黄或死亡的竹苗及时更换补栽，确保造林成活率在 85% 以上，有利于后期满园投产。

4. 加强新造林的抚育，促进新造林行鞭

对新营造 1 年和 2 年的竹林，要加强抚育管理。用母竹或 2 年生以上实生苗营造的竹林，在 4—5 月进行劈抚。结合劈抚沿母竹 50 ～ 100 cm 处开环状沟施用有机肥（1 kg/ 株）或尿素（50 g/ 株），覆土，利用劈抚的杂草覆盖地表，有利于林地保持湿润，促进新造林竹鞭的扩展。

应用效果和推广前景

金佛山方竹实生苗繁育技术和实生苗快速满园技术已得到很好的推广，在贵州省遵义市桐梓县推广繁育竹苗 2 000 万株，新造金佛山方竹林 25 万亩。在遵义市正安县新造方竹林 17 万亩，竹农种苗产值 1.4 亿元。容器苗造林成活率达到 90% 以上，较传统的竹母造林成活率提高了 20%，劳动力成本降低 50% 以上。累计低产林改造面积 30 万亩，示范林面积 5 万亩，产量由原来的 75 ～ 150 kg/ 亩提高到 250 ～ 400 kg/ 亩，竹笋产值增加 8 750 万元。

低产林改造前

改造后效果

通过开展金佛山方竹造林与抚育研究，促使金佛山方竹实生苗造林 4 年内满园并产生经济效益，为后期推动方竹产业发展奠定了基础。该技术可应用于金佛山方竹适生区域。

成果来源："竹资源全产业链增值增效技术集成与示范"项目

联系单位：南京林业大学竹类研究所

通信地址：江苏省南京市玄武区龙蟠路 159 号

联 系 人：丁雨龙

电　　话：13705154436

电子邮箱：ylding@vip.163.com

绿竹长周期母竹留养技术

成果背景

  绿竹具有悠久的栽培利用历史，其笋味鲜美，质地脆嫩，清甜爽口，是我国食用品质最好的竹笋品种之一，具有极高的经济价值。针对劳动力成本高带来的经营困难问题，着眼于解决老竹砍伐、竹蔸清理等耗费劳动力巨大的生产环节，提出了长周期母竹留养的概念。

技术要点与成效

  （1）通过长周期留养母竹竹林的地下竹笋分化调查，在长周期留养母竹的模式下，割取 1 只竹笋，能增加 1.8 ～ 3.0 个笋芽。

  （2）单个留养周期内笋蔸可延伸到 8 个层级；各层级的成笋数量介于 8.0 ～ 10.2，均高于母竹笋目成笋数。

  （3）以常规年进行母竹留养异龄笋用竹为对照，对 4 年留养一次的长周期母竹留养竹林进行劳动力投入、出笋时间、产量、经济效益等指标的评价，长周期留养母竹的方式能减少劳动力投入 80% 左右；出笋时间增加 30 d，实现提前 15 d 出笋和延后 15 d 停止发笋；产量达到 37.9 kg/ 丛，比常规经营方式提高 22.1%；收入达到 504.3 元 / 丛，比常规留养经营提高 26.86%；利润达到 281.4 元 / 丛，比常规留养经营提高 68%。

长周期母竹留养的产笋情况

应用效果和推广前景

　　长周期母竹留养模式延长了笋期，提高了产量和经济效益，减少了母竹数量，已在浙江省温州市应用 3 000 多亩，每亩收入可达3 万元以上，获得了巨大经济效益。

　　该技术降低了竹蔸清理和老竹砍伐劳动强度，株距的增大还有利于机械化作业，是一种值得推广的简单实用技术措施。浙江、福建、重庆、广东、广西等省（区、市）绿竹笋用林产区都可推广应用。

成果来源："竹资源高效培育关键技术研究"项目

联系单位：中国林业科学研究院亚热带林业研究所

通信地址：浙江省杭州市富阳区大桥路 73 号

联 系 人：岳晋军

电　　话：13567124241

电子邮箱：yuejinjun@163.com

绿竹笋用林精准高质培育关键技术

成果背景

　　绿竹鲜笋是一种高纤维、高氮，且糖类、粗脂肪含量较低的绿色食品，具清凉解暑之功效，其优质口感和上佳品质深受大众喜爱，是夏季最佳竹笋品种。针对长期人工经营的绿竹笋用林普遍存在土壤养分失衡、劳动力成本增加、竹笋品质有待提高、竹林效益下降等问题，提出绿竹笋用林精准高质培育新技术。

技术要点与成效

　　针对不同栽培环境，提出绿竹笋用林的林分结构调控、氮磷钾精准施肥、有机肥—无机肥平衡配施、山地设施栽培、培土育笋、竹笋采收和病虫害防控等系列技术，实现竹林群体结构管理、测土配方施肥、化肥减量施用、竹笋品质提升的栽培技术创新。实施后的竹笋产量较一般经营增产41.7%，粗蛋白质和可溶性糖含量分别提高2.1%和15.2%，竹笋品质明显改善，经济效益增加24.5%。

绿竹笋用精准高质培育技术模式

主要技术	时间	技术要点
林分结构调控	8—12月	科学留笋养竹和合理采伐，竹林50～60丛/亩，丛立竹密度4～6株，立竹年龄比例为1年：2年＝1：1或2：3
养分平衡施肥	3—4月、6—7月、8—9月	采用测土配方施肥，制定绿竹不同生长期的氮磷钾素配比方案和有机肥平衡配施使用量，实行分区式施肥管理

续表

主要技术	时间	技术要点
山地设施栽培	6—10月	引水建设蓄水池及配套设施，蓄水量 30～40 m³ 的蓄水池可供 50～100 亩竹林用水，出笋期保持林地土壤湿润为宜
培土育笋	3—10月	依据竹丛根际情况，覆盖 15～30 cm 肥沃细碎潮土
竹笋采收	6—10月	间隔 3～5 d 适时采挖破土前或露尖 3 cm 的竹笋，保护好笋苑促进再发笋，挖笋原则是挖前后留中间、留健去弱、留稀去密
病虫害防控	1—12月	做好监测预报，营林措施为基础，采用物理防治与生物防治方法为主，化学防治为辅，必要时使用高效低毒农药

绿竹培育

应用效果和推广前景

该技术已在福建省营建高标准示范林 5 800 多亩，辐射推广丰产林 2.9 万亩，2018—2020 年累计新增产值 3.48 亿元。该成果的推广应用，实现了笋用林高效可持续经营目标，减少化肥投入 23.2%，改善了土壤环境，提升了林地生产力。推广实施的精准高质培育作业规范，培养科技示范户 280 人，惠及竹农 1 600 多人，有效推动区域竹笋品牌聚集效应，走出了绿竹笋产业经济社会生态协调发展之路。

该技术适用于我国南方绿竹笋用竹林栽培地区，技术的综合配套性较强，产业化推广应用有助于进一步提升绿竹林经营的科技含量和绿色含量，推动竹笋产业发展，增强产品在国内外市场的竞争力。

成果来源："竹资源全产业链增值增效技术集成与示范"项目
联系单位：福建省林业科学研究院
通信地址：福建省福州市新店上赤桥 35 号
联 系 人：郑蓉
电　　话：13509350641
电子邮箱：zhengrongyy@163.com

无公害笋用麻竹林安全高效培育技术

成果背景

麻竹是我国大型的笋用竹种，针对立地生产力衰退、超量施肥、竹林结构不合理和竹笋品质下降等问题，开展了无公害竹笋产地环境质量评价体系、笋用林配方施肥技术、笋用林林分结构精准调控技术研究，研发了富微量元素麻竹笋用无公害专用肥，构建了竹类无公害笋用林培育技术。

技术要点与成效

（1）无公害麻竹笋产地应选择在生态环境良好，无污染并具有可持续生产能力的区域。山地造林坡度一般低于25°。

（2）土壤、空气、灌溉水等环境质量应达到《食用农产品产地环境质量评价标准》（一级质量）要求。

（3）每年留养新竹时间为8—9月，留养新竹2～5株/丛，相互之间保持一定距离，其余竹笋及时采挖。当年11—12月清理母竹，立竹结构随立地条件调控，如大田土壤条件好的情况下保留母竹5～7株/丛，山地土壤条件差的情况下保留母竹7～9株/丛。

（4）在每年12月至翌年2月底，进行竹丛覆盖，覆盖材料可以选择稻壳、竹叶、秸秆、锯末、有机肥等，覆盖厚度为20～30 cm，以覆盖整个竹篼为标准，覆盖前先平整土地，培土至掩盖整个竹篼。翌年3月底前，需清理所有覆盖物，以防篼根受热灼伤。

（5）在3月初至4月中旬，进行竹篼扒土晒目。晒目历时20～30 d，扒晒深度为10～30 cm。晒目结束后，培土至笋目以上20～25 cm，培土可结合施肥进行。

（6）提倡施用无公害有机肥，尽量控制化肥施用量和肥料种类。麻竹成林后每年施肥3～4次，分别在2—3月、5月、7—8月和9月左右，以施有机肥为主，10～40 kg/丛，即60～180 t/亩，采用环状穴施（沟施），距离竹蔸20～30 cm，穴深（沟深）10 cm，可混施锰肥30.9 kg/亩、锌肥86.7 kg/亩或钼肥25.25 kg/亩，促进麻竹笋产量及品质提升。

土壤条件差的情况下保留母竹7～9株/丛

土壤条件好的情况下保留母竹5～7株/丛

应用效果和推广前景

该技术实现肥料投入降低 21.7% 以上，竹笋氨基酸含量提高 26% 以上，单宁、草酸等下降 20%，增加笋产量 1.2% ～ 39.4%。通过技术应用，示范林竹笋总年产量达到 1 702 kg/ 亩，对照（常规经营）竹林竹笋年产量为 1 336 kg/ 亩，示范林竹笋增产 27.4%，劳动力降低了 23.5%。

该技术为麻竹笋用林的安全生产和科学经营提供了技术支撑。编发了《笋用竹林高效经营和安全生产技术手册》，制定并推广了 2 套麻竹笋用林生产技术标准，规范了麻竹笋培育和安全生产过程，在福建各地开展技术培训，培训了大批林农，已在漳州市南靖县辐射推广 2 万多亩。适宜于南方麻竹笋用林栽培区推广应用。

成果来源："竹资源高效培育关键技术研究"项目
联系单位：福建农林大学
通信地址：福建省福州市仓山区上下店路 15 号
联 系 人：荣俊冬
电　　话：13859081634
电子邮箱：rongjd@126.com

竹林金针虫绿色防控技术

成果背景

竹林金针虫（扣甲幼虫）是当前我国笋用林内为害最为猖獗的害虫，严重影响竹笋的产量和品质，制约了竹产业的健康发展，亟待研发安全、高效、对环境友好的防控技术。

技术要点与成效

（1）构建了基于 DNA 条形码方法的竹林金针虫分子鉴定技术，分离鉴定了该优势种成虫性信息素，研制了高效的成虫引诱剂，单个诱芯 15 d 诱捕成虫（叩甲）约 50 头。

（2）创制了竹林金针虫食物诱饵配方，构建了基于食诱剂的竹林金针虫危害程度预测模型，准确率达 83% 以上。

（3）选育了一株特异性强、毒力高的平沙绿僵菌（WP08 菌株），揭示了其侵染规律，优化了固体发酵工艺及菌剂保存条件，创制出平沙绿僵菌林间应用颗粒剂产品（含孢量 ≥ 50 亿孢子 /g、活孢率 ≥ 90%、杂菌率 ≤ 5%、储存稳定性 ≥ 80%）。

（4）筛选出对竹林金针虫有显著引诱作用的竹笋挥发性活性物质；研发了基于活性物质和绿僵菌的竹林金针虫 AK（Attract and kill）生物防治新技术，较单一的生防菌剂防治效果提升 18% 以上，菌剂用量减少 50%。

（5）构建了安全、高效的竹林金针虫全程绿色防控新技术体系，防治效果达到 85% 以上，实现 100% 替代化学农药。

应用效果和推广前景

该技术在浙江省湖州市、杭州市、衢州市及丽水市等主要笋用竹区建立示范点 27 个，推广应用面积累计 37.8 万亩，竹林金针虫防治效果达到 85% 以上，竹笋增产 400 kg/ 亩以上，增收节支总额近 9 000 万元，培训学员 1 900 人次，有力地支撑了乡村振兴和精准扶贫，具有显著的经济、生态和社会效益。

该技术适合我国南方竹林金针虫发生区。技术推广应用将对提升我国南方笋用竹种植区竹林金针虫的绿色防控技术水平，对保障竹 / 笋产业的健康发展具有重要现实意义。

金针虫被寄生　　　　　　　　　　种笋留养成功率高

绿僵菌防治效果

绿僵菌颗粒剂

成果来源："竹资源全产业链增值增效技术集成与示范"项目

联系单位：中国林业科学研究院亚热带林业研究所

通信地址：浙江省杭州市富阳区大桥路73号

联 系 人：舒金平，张亚波

电　　话：13858110477，13456821699

电子邮箱：shu_jinping001@163.com，zhangyab@caf.ac.cn

毛竹—白及复合经营技术

成果背景

毛竹是我国最重要的经济和生态竹种，分布广，栽培面积大，经济效益高。长期以来毛竹林多为单一经营，不仅资源利用率低，易引起生态功能衰退，而且应对市场风险能力较弱，严重制约了毛竹林的经营效益，使毛竹产业可持续发展面临着严重挑战，亟须探索和建立毛竹高效复合经营模式及其配套经营技术。针对我国亚热带地区毛竹、白及适生栽培区立地特点，在系统研究毛竹与白及互作机制的基础上，构建了毛竹—白及高效优化复合模式，集成创新了不同复合经营模式的配套经营技术体系，为毛竹产业可持续经营提供了技术支撑。

技术要点与成效

（1）毛竹林选择及立竹结构调整。选择立地条件好、土壤质地为砂壤至黏壤、肥力较高、坡度在 25° 以下、海拔在 600 m 以下的毛竹林。同时，应考虑种植地附近有水源，便于旱季灌溉。有条件的情况下，可建立喷灌或滴管系统。通过疏伐，调整立竹密度，以 120 ～ 160 株 / 亩为宜。

（2）复合模式。①带状复合模式：沿等高线水平带状采伐毛竹，带宽 1.5 ～ 2.0 m，保留带 2.0 m。伐竹后，垦复采伐带，深度 30 cm。坡度为 15° 以上时，修筑梯田。②混植复合模式：适用于立地坡度

15° 以下的竹林，可全面垦复，深度 20 ～ 30 cm。垦复后沿等高线修种植垄，垄宽 50 ～ 60 cm，垄高 15 ～ 20 cm。结合复垦施腐熟有机肥 1 560 ～ 2 000 kg/ 亩。

（3）白及种植。选择优质种茎或组培苗种植。①种茎：选择大小中等、无病斑、带 1 ～ 2 芽的假鳞茎，于 3 月中下旬至 4 月或晚秋种植，按行距 25 ～ 30 cm、深 8 ～ 10 cm 开沟，株距 16 ～ 20 cm、芽眼向上排放，覆土 5 cm，压实。②组培苗：应驯化 10 个月以上，于 3—5 月或梅雨期栽植，按 15 cm×（25 ～ 30）cm 株行距，浅栽，压实。种植后遇旱时应浇水，保持土壤湿润。

（4）田间管理。及时除草，结合中耕追施过磷酸钙 50 kg/ 亩，注意不要伤及鳞茎；如发现缺棵，应选用优质苗木及时补植。在生长高峰期可用 1.0% ～ 1.5% 的磷酸二氢钾喷施叶面，每 2 周喷施一次。遇旱灌溉。冬春及时挖除种植带（垄）上竹笋，夏季采挖鞭笋，注意防止伤害白及。通常白及种植 4 ～ 5 年后采收，采收前 1 年可在白及行间铺施半腐熟有机肥，用量 1 000 kg/ 亩。

（5）毛竹林管理。毛竹可按笋用林经营管理，立竹结构调整应在秋季白及进入休眠期进行，避免影响。孕笋期和采笋期不宜伐竹，伐竹时不仅考虑立竹密度还要注意调整竹龄结构，保证林下适度透光。伐竹后，结合垦复施用有机肥，并配施磷钾肥。采挖竹笋时，须防止伤害白及。结合挖笋，在挖笋穴中施 50 g 左右复合肥。在春笋盛期，根据复合模式的要求，以及维持立竹分布均匀、龄级合理的目的，适当留笋长竹。

应用效果和推广前景

该技术模式已在安徽省宣城市广德市、铜陵市以及六安市金寨县等地建立试验示范林 600 亩，与毛竹林单一经营模式相比，年均每亩增收 1 500 ～ 2 000 元，经营效益提高 3 ～ 4 倍，实现了毛竹林的可持续经营。同时，通过复合经营显著提高了白及药材质量，为白及仿生栽培提供了新的途径。促进了农户增收，有力支撑了精准扶贫和乡村振兴，具有显著的经济、生态和社会效益，应用前景广阔。该技术适合我国亚热带毛竹适生区，对提高毛竹林经营水平，加速推进名贵中药材白及仿生栽培，具有重要意义。

毛竹—白及复合经营模式

成果来源："竹资源高效培育关键技术研究"项目
联系单位：安徽农业大学
通信地址：安徽省合肥市长江西路 130 号
联 系 人：徐小牛
电　　话：13485690689
电子邮箱：xnxu2007@ahau.edu.cn

毛竹—淡竹叶复合经营技术

成果背景

针对竹林生态系统垂直结构不完善、空间利用率低、林下植被尚处于待开发状态等问题，筛选出毛竹—淡竹叶复合经营技术。根据淡竹叶的适生条件，特别是光照条件要求，通过竹林立竹结构优化，充分利用竹—药物种共存机制，形成该技术模式，丰富了竹林林下空间开发技术，解决了毛竹林空间利用率低、产品单一、竹林抛荒等致使竹农收益减少等问题，有效促进了低效竹林的培育转型。

技术要点与成效

（1）林分密度调整：套种前调整竹林密度，毛竹立竹密度在170～200株/亩，郁闭度控制在0.7左右，同时，清理林下杂灌。

（2）淡竹叶栽植：选择在3—4月和10—11月，按株距50 cm，窄行行距50 cm、宽行行距80 cm打窝宽窄行栽植，宽窄行比例1:4。

（3）林地除草：每年4月、8月各除草1次。

（4）淡竹叶采收：每年7月、10月各采收鲜叶1次，鲜叶采收后可以直接销售，也可自然风干后销售，风干过程中注意通风透气以防止霉变。

（5）春笋采收：春笋出土后及时采收，注意合理留养，春笋采收时尽量避免对淡竹叶宿根的伤害。

应用效果和推广前景

该技术通过合理开发利用竹下药用植物资源，提高林地空间利用效率，形成毛竹与林下植物互利共生的资源利用方式，已在四川省广泛推广应用，淡竹叶产量 2 000 kg/ 亩，淡竹叶和竹材等竹林综合经济收益 3 000 元 / 亩以上。

该技术适宜在亚热带毛竹适生区大面积推广应用，尤其是以竹产业为重要收入来源的低山丘陵地区。该技术劳动强度适中，适合妇女、老人操作，可有效利用农村剩余劳动力；同时充分发挥竹林自肥效应，生态环保，产出快速，收益高，有效助力乡村振兴，市场应用前景广阔。

毛竹—淡竹叶复合经营

成果来源："竹资源高效培育关键技术研究"项目
联系单位：国际竹藤中心
通信地址：北京市朝阳区望京阜通东大街 8 号
联　系　人：蔡春菊
电　　　话：13693242671
电子邮箱：caicj@icbr.ac.cn

毛竹林下套种大球盖菇栽植技术

成果背景

针对竹林林下经营模式单一的问题，开展毛竹林下套种大球盖菇高效复合模式推广，优化竹林空间结构、充分利用竹林—套种食用菌—环境之间的关系，提高竹林空间利用率，丰富竹林林下经营模式，为实现竹林高值化复合经营提供技术支撑，有效缓解劳动力成本增加和笋材价格波动造成的竹林抛荒和竹农收益减少等现象。

技术要点与成效

（1）林分密度调整：栽植前调整竹林密度为 160～180 株/亩，清理林下杂灌，开排水沟。

（2）培养料选择：各种农林作物秸秆、稻草、砻糠、竹屑、木屑等，原料符合无公害食品食用菌栽培基质安全技术要求，新鲜、干燥、无霉变、无虫蛀。

（3）大球盖菇播种：按 200 m²/亩挖沟，分层播种，播种时间为 9—10 月。第一层稻草厚度约 10 cm，撒一层菌种，再铺一层约 10 cm 的竹屑砻糠与木屑混合的培养基质，再撒一层菌种，最上面一层稻草厚 5 cm，播种后用木板拍平料面，并稍加压实，播种量控制在 500～800 g/m²；播种后，选用肥沃、疏松、含有腐殖质、含水量为 20%～25% 壤土，覆 3～4 cm 的表层土。

（4）大球盖菇管理与采收：当子实体菌盖呈钟形，菌幕尚未破裂或刚破裂时采收。一潮菇采收结束后进行转潮管理，一般可收 3～

5 潮菇。采收后，尽快销售鲜菇。若无法及时销售，可烘干保存。

（5）竹笋采收：春笋出土后及时采收，尽快销售鲜笋，合理留笋养竹。若无法及时销售，可将竹笋装袋后冷藏或做笋干保存。

应用效果和推广前景

该技术模式已在浙江、四川、广西、江西、湖南等省（区）广泛推广应用，竹林综合经济收益达到 5 000 元 / 亩以上。

该技术适用于我国南方竹区，尤其是以竹产业为重要收入来源的低山丘陵地区。技术劳动强度适中，适合妇女、老人操作，可有效利用农村剩余劳动力；同时充分发挥竹林自肥效应，生态环保，产出快速，收益高，有效助力乡村振兴，市场应用前景广阔。

毛竹林下套种大球盖菇

成果来源："竹资源高效培育关键技术研究"项目
联系单位：国际竹藤中心
通信地址：北京市朝阳区望京阜通东大街 8 号
联系人：蔡春菊
电 话：13693242671
电子邮箱：caicj@icbr.ac.cn

毛竹林下套种长裙竹荪栽植技术

成果背景

针对竹林林下经营模式单一问题，筛选出毛竹林下套种长裙竹荪栽植技术模式，可有效解决毛竹林空间利用率低、产品竞争力不足、产业链单一、劳动力成本增加、竹林抛荒等致使竹材、竹笋等竹产品价格下降、竹农收益减少的问题。为充分利用农村剩余劳动力、提高竹林空间利用率、丰富竹林林下经营技术、实现竹林复合经营提供有效的技术支撑。

技术要点与成效

（1）林地选择和密度调控：选择土壤疏松、肥沃，杂灌木少，近水源且排水良好的毛竹林，清除林下杂草、灌木，调整立竹密度120～160株/亩，1年生、2～3年生及4～5年生的竹比例为4∶3∶3，立竹分布均匀。

（2）培养料选择：采用竹木加工下脚料竹屑、木屑、谷壳、砻糠等作原料，宜两种或几种混合，质地软与硬、粗与细的原料搭配。新鲜或发酵料栽培，宜添加麦麸等富含氮的原料。

（3）竹林下沿等高线挖沟（宽30～40 cm、深15～25 cm）。挖沟时尽量避免挖断竹鞭，以减少对竹林的影响。沟间距根据竹子间距灵活确定，开挖新土堆放两边，一般每亩竹林挖沟的实际面积约为200 m^2。

（4）菌种播种：每平方米用菌种 3 ~ 4 包。将原料拌匀拌湿，导入沟内，采用三层料两层种，第一层约 8 cm 厚培养料，撒上 1/3 竹荪菌种，块状为好，再铺一层约 8 cm 厚的培养料，播种其余 2/3 菌种，覆上一层约 4 cm 厚的培养料，然后覆土，覆土厚度 5 ~ 8 cm。

（5）发菌期管理：发菌期温度低于 18℃时，需覆盖塑料薄膜。播种后 10 d 左右，料内菌种块呈白色绒毛状，菌丝吃料，说明萌发定植正常，若菌种块变黑，说明菌种已霉烂，应及时补种。培养基质含水量 50% ~ 60%、土壤含水量 20% ~ 25%、温度 23 ~ 28℃为宜。发菌期应防止雨水进入菌床，避免积水。

（6）出菌期湿度控制：播种 30 d 后菌丝穿出土面，形成菌索，应撤去薄膜，在畦面加盖竹叶等竹林凋落物。形成菌蕾时应控制好湿度，增加喷水量，晴天早晚各喷 1 次，相对湿度控制在 80% ~ 85%。

（7）菌菇生长期环境控制：出菇期苗床表面相对湿度提高到 90% ~ 95%，温度 23 ~ 32℃为宜。接种后 70 d 左右形成子实体，菌蛋大量出现后，增加喷水量，提高土面湿度，除雨天外，早晚各喷水 1 次。在温度最高的 8 月，连续雷阵雨天气会导致菌蛋死亡，注意遮盖避雨。

（8）采收技术：一潮竹荪采收结束后，应停水 5 ~ 7 d，然后在畦面浇一次重水，第二潮竹荪的菌蕾长出后，管理方法同上。采收宜在上午 6—10 时进行，竹荪菌群开始下沿即可采收。采收时将整个子实体从菌托下方切断菌索，将菌托和菌盖剥下，与柄裙分开存放。

（9）菌菇保存：采用脱水机热风烘干。将竹荪整齐摆放在烘筛上，尽快使烘干室温度升至 60℃，保持 3 ~ 4 h，后降至 40 ~ 50℃，保持 1 ~ 2 h。烘干的竹荪放置 20 ~ 30 min 后放入密闭的包装袋，避光干燥低温保存。

毛竹林下套种长裙竹荪

应用效果和推广前景

　　该技术已在浙江、四川、广西、江西、湖南等省（区）推广应用 1 000 亩，竹林综合经济收益达到 5 000 元／亩以上。

　　该技术适用于我国南方竹区，尤其是以竹产业为重要收入来源的低山丘陵地区。该技术劳动强度适中，适合妇女、老人操作，可有效利用农村剩余劳动力；同时，充分发挥竹林自肥效应，生态环保，产出快速，收益高，有效助力乡村振兴，市场应用前景广阔。

成果来源："竹资源高效培育关键技术研究"项目
联系单位：国际竹藤中心
通信地址：北京市朝阳区望京阜通东大街 8 号
联 系 人：蔡春菊
电　　话：13693242671
电子邮箱：caicj@icbr.ac.cn

麻竹林套种羊肚菌＋灵芝立体复合高值化经营技术

成果背景

我国南方竹林类型丰富多样、立地条件差异巨大，各地适宜推广的高值化竹林套种食用菌模式及成熟的配套经营技术体系尚不多见。针对上述情况，开展了麻竹林下食用菌种植技术研究，形成了麻竹林套种羊肚菌＋灵芝立体复合高值化经营技术，提高了竹林空间利用率，丰富竹林林下经营模式，提高了经济效益。

技术要点与成效

1. 种植环境

羊肚菌种植：地表温度 6～16℃，空气相对湿度 65%～85%，土壤 pH 值 6.0～8.5，膜内照度 200～580 lx，竹林郁闭度 0.95。

灵芝种植：地表温度 25～30℃，空气相对湿度 65%～70%，土壤 pH 值 4.0～6.0，膜内照度 200～580 lx，竹林郁闭度 0.95。

2. 栽植技术

轮作阶段：4—7 月种植灵芝；7—10 月采笋；10 月至翌年 3 月种植羊肚菌。

搭网作畦：畦床宽 1.5 m，长度不限，畦高 10～20 cm，畦沟四边倾斜。

播种覆土：菌包中菌种与基质的比例不低于 1∶5。覆土前，将菌包割开与水混合（含水量在 30% 左右），均匀地撒在畦床上，然后覆土 3 ~ 5 cm。羊肚菌用料为 5 kg/m² 左右，灵芝用料为 5 kg/m²。

控温发菌：羊肚菌菌丝生长阶段温度 10 ~ 20℃。秋末播种气温低，下种后可立即覆盖黑膜并缩短通风时间，同时拉稀阴棚覆盖物，引光增温，促进菌丝加快发育。待菌丝萌发（播种后 7 ~ 10 d）后，去除黑膜，以白膜拱棚保水。灵芝菌丝生长阶段应保持温度在 25℃，空气相对湿度保持在 60% 左右，菌堆表面可覆盖薄膜保温保湿。需定期检查菌丝生长情况，做到及时通风换气。菌丝培养周期为 45 ~ 50 d，若发现菌袋有豆粒大原基形成时，即可覆土出芝。

发菌培养：播种后保持每天上午揭膜通风一次，时间 0.5 h。膜内相对湿度保持 75% ~ 85%，即盖膜内呈现雾状，并挂满水珠。羊肚菌播种 7 ~ 10 d 后，放置营养带。灵芝在春夏季种植，温度偏高时应即时喷水，以免因干燥而影响生长。

出菇管理：注意湿度变化，灵活掌握喷水。出菇期培养料含水量以 70% 为宜，土壤含水量不低于 40%。出菇前期每天喷水 1 次，保持空气相对湿度 85% 为好。

麻竹林套种羊肚菌

麻竹林套种灵芝

应用效果和推广前景

四川省仁寿县红塔村的麻竹—食用菌试验场地，应用该项技术秋冬季每亩可产羊肚菌鲜品 180～200 kg（产菇两批次），按目前市场平均批发价 100 元 / kg 算，每亩可售 18 000～20 000 元；春夏季每亩可产灵芝鲜品 150～180 kg/ 亩（产菇两批次），按目前市场平均批发价 60 元 / kg，每亩可售 9 000～10 800 元；全年每亩可产竹笋鲜品 1 000～1 200 kg，按目前市场平均批发价 2.5 元 / kg 算，每亩可售 2 500～3 000 元。全年种植成本为 20 400 元 / 亩（包括菌种 7 500 元 / 亩，营养袋 5 800 元 / 亩，生产设施 2 600 元 / 亩，劳动力投入 4 500 元 / 亩）。全年可提高每亩麻竹林利润 9 100～13 400 元。

麻竹林套种羊肚菌＋灵芝立体复合经营可解决连作问题，并填补竹林空置期，有效提高土地和设施利用率；技术强度适中，适合妇女、老人操作；技术利用竹林自肥，生态环保；产出快速，收益高，可帮助农民增收。

成果来源："竹资源高效培育关键技术研究"项目

联系单位：四川农业大学

通信地址：四川省成都市温江区惠民路 211 号

联 系 人：陈其兵

电　　话：15908176968

电子邮箱：cqb@sicau.edu.cn

竹林—鸡立体复合高值化经营技术

成果背景

随着劳动力成本增加，竹材价格持续下降，竹农收益减少，林下养殖已成为未来竹林管理和经营方面新的发展方向及经济增长点。目前，林下养殖大多都停留在模式的尝试和经济效益分析上，对竹林与养殖动物之间存在的互作关系、生态效果等研究还很少。为此，该技术研究了竹林—鸡复合模式的生态互补、养分循环、调控与互作机理等，构建了竹林—鸡立体复合高值化培育技术体系，对竹林高效生态经营具有重要的科学意义与应用价值。

竹林—鸡立体复合经营模式

技术要点与成效

（1）竹林结构调控：林分密度为 140 ～ 180 株 / 亩，平均株高和胸径分别为 9 m 和 8.9 cm。

（2）养殖密度控制：鸡的放养密度为 70 ～ 100 只 / 亩。

（3）轮养周期：3 个月左右轮养一次。

（4）生态调控：饲养过程中，将生物改性颗粒竹炭产品以每亩 50 ～ 300 kg 的量施入林牧复合系统土壤表面或均匀翻入 0 ～ 10 cm 的土层中。

应用效果和推广前景

已在浙江省湖州市安吉县郎吴镇郎吴村建立竹林—鸡示范基地 400 亩。根据环境承载量，竹林养鸡 80 只 / 亩，饲养成本 90 元 / 只，每亩利润 4 000 元，每年可养 2 批，全年可增加利润 8 000 元 / 亩。

该技术适用于我国南方竹区，尤其是以竹产业为重要收入来源的低山丘陵地区。随着经济的发展和人们生活水平的提高，发展高质量的绿色家禽产业已成为我国农村经济发展的一个重要方向。

成果来源："竹资源高效培育关键技术研究"项目

联系单位：国家林业和草原局竹子研究开发中心

通信地址：浙江省杭州市文一路 310 号

联 系 人：钟哲科

电　　话：0571-88860734

电子邮箱：zhekez@163.com

竹林—猪立体复合高值化经营技术

成果背景

生态养殖模式在我国正逐步兴起，其巨大的经济效益促使了家畜养殖模式的转变。林畜复合经营模式作为生态养殖的一类，可以提高林业资源的利用率，改善放牧动物的肉质，并且通过家畜粪便将养分归还林地土壤，从而减少化学肥料的施入。然而，林畜复合经营模式中，当家畜密度超出林地承载力范围，家畜粪便过量堆积以及持续践踏，将引起土壤表层侵蚀、粪便下渗、生物多样性下降，甚至严重的会造成土壤退化。林地与家畜之间由于其巨大的生态位差异被广泛认为是互利的，但养殖业对林地土壤质量的影响亟须被关注。项目研究了竹林—猪复合模式的生态互补、养分循环等，构建了竹林—猪立体复合高值化培育技术体系。

技术要点与成效

集成了以养殖密度控制、轮养、改性生物炭施用等为核心的竹林—猪立体复合高值化经营技术，具体技术如下。

（1）养殖密度控制：采用竹林散养，养殖密度为 5 ～ 6 头 / 亩。

（2）轮养周期：采用轮养，每年允许有 3 个月左右的放养时间。

（3）放养条件：雨天禁止放养，防止土壤压实和水土流失。

（4）生态调控：保护地表植物，实行生态调控，将生物改性颗粒竹炭产品以每亩 50 ～ 300 kg 的量施入林牧复合系统土壤表面或均匀翻入 0 ～ 10 cm 的土层中。

竹林—猪立体复合经营模式

应用效果和推广前景

    该项目已在浙江省绍兴市新昌县小将林场建立竹林—猪示范基地 350 亩，猪肉风味优于传统规模化养殖。采用竹林散养，养殖密度为 5 ～ 6 头 / 亩，3 个月左右轮养一次。每头猪重量平均为 120 kg 左右，养殖时间为 10 ～ 12 个月，销售价格平均为 30 元 /kg，扣除仔猪、饲料和养殖劳动力成本，每头猪净收益在 800 元左右。4 个月轮养一次，一年轮养 3 次，换算后相当于平均每亩养猪 1.5 头。通过养殖，每亩竹林的直接经济效益增加 1 200 元左右。同当地传统的竹林经营（竹材料＋竹笋）比较，通过竹林养猪，每亩综合效益可提升 40% 以上。

    该技术适用于我国南方竹区，尤其是以竹产业为重要收入来源的低山丘陵地区。随着经济的发展和人们生活水平的提高，消费者的消费理念也发生转变，越来越多的消费者更愿意为肉类的品质买单。竹林养殖的开展可以充分结合林牧优势，符合绿色健康养殖的概念，发展前景广阔。

成果来源： "竹资源高效培育关键技术研究" 项目

联系单位： 国家林业和草原局竹子研究开发中心

通信地址： 浙江省杭州市文一路 310 号

联 系 人： 钟哲科

电　　话： 0571-88860734

电子邮箱： zhekez@163.com

竹笋冷藏与微粉加工关键技术

成果背景

　　竹笋是中国传统的山珍之一，被誉为"蔬食第一品"，其特点是营养齐全，富含蛋白、高纤低脂等特点，是未来植物性（基）食品发展的最佳食材之一，但竹笋产品主要以鲜食竹笋、笋干、清水笋、发酵竹笋和竹笋方便食品等产品为主。随着竹笋培育水平和单位面积产量的提高，鲜竹笋供过于求，价格持续偏低，笋农增产不增收，竹笋加工产业面临严重困境。为此，项目开展了竹笋冷藏、微粉与浓缩汁加工关键技术联合攻关，集成了竹笋粉/浓缩汁、液氨/氮速冻笋等创新加工技术，并进行了竹笋源食品的创制，实现从传统蔬菜向竹笋源食品的转变，大大拓展了竹笋的应用领域，并延长了其产业链。

技术要点与成效

　　（1）集成创新了竹笋粉离心喷雾干燥、竹笋汁减压蒸馏浓缩加工技术。以新鲜竹笋或竹笋加工剩余物为原料，经清洗、切块、破碎、灭酶、高速双道打浆等加工工艺后，经喷雾干燥得到竹笋粉，经浓缩、超高温瞬时灭菌得到竹笋浓缩汁。竹笋粉、浓缩汁基本保留了竹笋特有原汁原味和全营养，实现了可连续规模化快速生产，为在食品领域规模应用提供了食品基料。

　　（2）研制了新鲜带壳整笋经液氮（−130～−80℃）速冻保鲜技

术，保持了竹笋的新鲜度，冷冻保鲜（–18℃）时间达 6 个月以上，实现了对鲜笋的高品质保鲜；改进了经杀青后竹笋液氨速冻保鲜工艺，冷冻保鲜（–18℃）1 年以上，保持了竹笋的味香质脆。

竹笋粉 / 浓缩汁生产线

液氨速冻笋生产线

应用效果和推广前景

　　该技术在福建明良集团有限公司、浙江圣氏生物科技有限公司等单位推广应用，建成了竹笋粉、竹笋浓缩汁等规模化示范生产线 12 条，生产的竹笋粉、竹笋浓缩汁成功应用于面条、粉丝、面包等系列竹笋源食品，取得了显著的经济和社会效益。

竹笋源食品

中国鲜竹笋及其产品产量均居世界第一，年鲜笋产量 3 000 万 t 以上，该技术可应用于竹笋加工企业，通过提高竹笋加工企业产品竞争力，缓解竹笋企业困境，增加产品利润，推进竹笋企业转型升级。

成果来源："竹资源全产业链增值增效技术集成与示范"项目

联系单位：国家林业和草原局竹子研究开发中心

通信地址：浙江省杭州市西湖区文一路 310 号中竹大厦

联 系 人：吴良如

电　　话：13968160596

电子邮箱：boteatree@163.com

第五章 竹林智能监测技术

竹林环境信息感知与监测技术

技术目标

针对竹林环境监测中地形复杂、供电及通信不便和成本较高等问题，研究设计了性价比高、使用简单的太阳能供电竹林环境监测系统，可对空气和土壤多参数进行长时间、高精度采集，监测数据兼具本地存储和远距离传输功能，有利于竹资源的培育、管理、开发和利用。

主要特征和技术指标

（1）采集参数多，精度满足需求。采集的竹林环境信息包括空气温度、空气湿度、光照强度、CO_2 含量、负氧离子浓度、土壤湿度、土壤温度、土壤 pH 值、土壤 EC 值、土壤氮磷钾含量等。环境传感器的精度要求：温度 ± 0.5℃，相对湿度 $\pm 5\%$，光照强度 $\pm 7\%$（lx），CO_2 含量 $\pm$（40 mg/kg+2% FS），负氧离子迁移率 $\leqslant \pm 20\%$、负氧离子偏移率 $\pm 5\%$，pH 值 ± 0.3，土壤氮磷钾含量 $\pm 2\%$ FS。

（2）固定式监测和手持式检测兼顾。大部分参数为固定式监测，土壤养分检测既有手持式又有固定式。

（3）太阳能供电，兼顾 GPRS、NB、蓝牙等多种数据传输模式，有利于野外长时间监测，便于布点组网。

（4）性价比高。每个监测点成本小于 1 500 元。

应用效果和推广前景

竹林环境信息感知与监测技术及系统实现了高精度、全天候实时自动采集环境信息并传输数据。已在安徽省、湖北省的毛竹林主产区应用。系统采集时间长，信息可储存、可传输，性价比高，成本低、安装方便灵活。

该系统适用于所有类型竹林，包括笋用林、材用林和笋材两用林，以及林下种植、林下养殖、旅游等场合，为竹林培育、林下经济和竹林康养提供精准信息和决策支持。

竹林环境监测数据采集

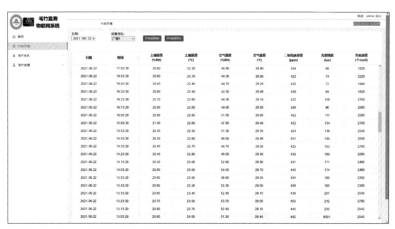

竹林监测系统信息显示页面

成果来源：	"竹资源高效培育关键技术研究"项目
联系单位：	国际竹藤中心
通信地址：	北京市朝阳区望京阜通东大街 8 号
联 系 人：	高健
电 话：	18201086695
电子邮箱：	gaojian@icbr.ac.cn

基于热扩散探针的便携式植物液流监测设备与技术

技术目标

液流是植物重要的生理指标，在蒸腾耗水规律研究及相关应用中需要对液流进行长期、精准的在线监测。运用新型电子设计技术和集成化理念，研制的便携式热扩散型植物液流监测仪，可解决国外商用液流仪价格偏高，而模块化液流仪在体积、性能、野外供电及通信等方面存在诸多不足的问题，有利于大规模应用。

主要特征和技术指标

采用嵌入式微处理器 STM32 作为主控芯片，以仪表放大器和高性能运放组成的低噪声精密放大电路为核心，设计了探针恒流加热、SD 卡存储、GPRS 通信、太阳能供电和电量监测报警等电路，运用迭代算法获得当天测量电压最大值，即时计算出植物液流密度。

双通道液流监测仪技术指标如下。

（1）终端尺寸小于 95 mm × 90 mm × 40 mm，质量约 280 g，便于携带和使用。

（2）采用低频信号发生器模拟输入，在 0 ～ 50 Hz 频率范围内，检测误差小于实际值的 0.1%，模拟电压分辨率小于 30 μV，测量线性度和稳定性良好。

（3）平均功耗小于 2 W，采用电压 12 V、电容 20 Ah 的铅酸蓄电池，在没有光照的情况下可连续工作 7 d，在有光照的情况下可实现长期连续工作。

（4）通道易于扩展，可根据需要增加通道。

便携式热扩散型植物液流监测仪

应用效果和推广前景

　　基于热扩散探针的便携式植物液流监测仪在安徽省合肥市、六安市霍山县、宣城市泾县、宣城市广德市的毛竹和海棠上进行了应用，效果良好。该设备性价比高，为同类进口产品价格的 10% ～ 20%，使用方便、通道易于扩展，可替代进口产品。

　　该设备在植物生长监测、森林生态系统对环境变化的影响监测以及城市绿地植物的水分管理等领域具有良好的应用前景。

成果来源："竹资源高效培育关键技术研究"项目

联系单位： 国际竹藤中心

通信地址： 北京市朝阳区望京阜通东大街 8 号

联 系 人： 高健

电　　话： 18201086695

电子邮箱： gaojian@icbr.ac.cn

基于图像的毛竹笋数量、高度等形态参数监测技术

技术目标

毛竹笋数量和高生长状态与竹笋品质、成竹产量等密切相关，在竹林培育管理中需要即时、准确地掌握这些信息。基于图像的毛竹笋数量和高生长监测系统，可解决现有人工观测方法费时费力、难以实现大范围实时监测的问题，为竹林培育管理提供决策支持。

主要特征和技术指标

该技术以计算机视觉技术和深度学习方法为核心，通过架设在竹林间的太阳能网络摄像头定时获取毛竹笋图像，上传到云端服务器，即时进行毛竹笋检测，带入成像模型中，获得静态数量、高度和茎粗（基部），并对每一株毛竹进行跟踪和标记，获得动态生长变化信息。

静态指标：毛竹笋数量，漏检率和误检率低，平均准确率98%以上；毛竹笋形态参数，高度和粗度的平均误差小于5%。

动态指标：数量、高度和粗度增长的平均误差小于2%。

应用效果和推广前景

该技术在湖北省咸宁市、安徽省宣城市广德市等地进行应用，实现了毛竹生长信息采集。可视频监控退笋情况，亦为虫情预警与

太阳能网络摄像头　　　　　　　　毛竹笋检测图像

采收管理提供了信息。通过新技术应用，降低了 80% 的用工成本，提高了土地利用率和竹笋收获量，实现了竹业生产远程可视、可控。

该技术可广泛应用于各种类型竹林的经营，为新型竹业经营主体提供有针对性和时效性的服务，探索了竹资源培育的新技术新模式。

成果来源："竹资源高效培育关键技术研究"项目

联系单位：国际竹藤中心

通信地址：北京市朝阳区望京阜通东大街 8 号

联 系 人：高健

电　　话：18201086695

电子邮箱：gaojian@icbr.ac.cn

植物组织水分压力原位测定技术

技术目标

　　针对传统的植物组织水分压力原位测定方法需要切断植物，密封的玻璃管制作麻烦，操作、计算烦琐，不能实时对同一棵植株进行原位蒸腾拉力和根压测定的问题，研究开发出可实时测量植物茎秆组织水分压力与蒸腾拉力变化的技术与装置。

主要特征和技术指标

　　（1）该仪器采用电子压力传感器，能够实时感受植物茎秆组织水分压力测定范围为 –50 ～ 100 MPa。

　　（2）结果数据可以精确到小数点后 2 位。

　　（3）能够 24 h 原位实时测量植物茎秆不同部位的组织水压与蒸腾拉力的变化，免去了计算步骤，降低了操作难度，使操作更加简单，大大减少了工作量。

　　（4）该仪器既可以测定竹类植物，也可以测定其他植物的茎秆的组织水压，能够实时、原位的测定植物由于蒸腾或根压作用引起的茎秆、枝条水压的动态变化。

应用效果和推广前景

　　该装置在国际竹藤中心、江西农业大学、安徽省林业科学研究院等多家单位进行了试用与推广，例如采用水压法和染料示踪法研

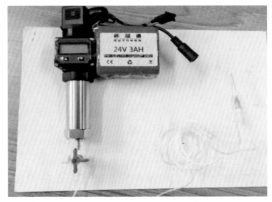

植物组织水分压力原位测定仪

究云南箭竹、金镶玉竹笋水分的运输规律等，得到使用者的充分肯定。

该装置已经获批国家实用新型专利，具备装置简单、操作方便、数据测定准确等优点，可广泛应用于涉及植物学研究的高校及科研院所等单位，能够为植物生长发育、生理等研究提供可靠的水分生理研究数据，也可为农林经营过程中的水分管理提供可靠的依据。

成果来源："竹资源高效培育关键技术研究"项目

联系单位：西南林业大学

通信地址：云南省昆明市白龙寺 300 号

联 系 人：王曙光

电　　话：13608874173

电子邮箱：stevenwang1979@126.com

第三篇

竹材加工与综合利用技术

竹材与木材细胞壁树脂改性技术

技术目标

　　我国是全球人工林和竹林保存面积最大的国家，速生木材和竹材生长速度快，轮伐期短，但性能缺陷也十分明显。针对人工林木材材质较软、尺寸稳定性差，竹材易霉变、易腐朽等问题，利用糠醇树脂或 DMDHEU 树脂对竹材、木材进行细胞壁改性，发明了糠醇树脂细胞壁精准改性技术，开发出新型催化剂，制备出尺寸稳定性高、生物耐久性好的竹材与木材，实现了速生竹材与木材高附加值利用的目标。

主要特征和技术指标

　　（1）研发了新型糠醇改性液配方和 DMDHEU 改性剂配方，改性液在常温条件下可稳定存储 1 周以上。

　　（2）创新了木竹材细胞壁树脂改性优化工艺 2～3 套，并应用于实际生产。

　　（3）制备出尺寸稳定高、生物耐久性好的竹材与木材。改性木材抗湿胀系数大于 50%、防腐性能达到强耐腐级；改性竹材抗湿胀系数大于 40%，对霉菌和变色菌防治效力达 95% 以上，腐朽后质量损失率在 10% 以下，强耐腐等级，防白蚁达 9.0 级以上。

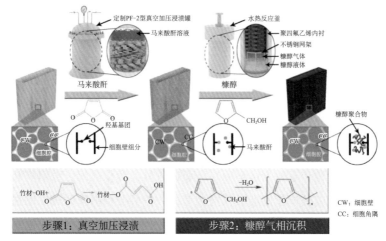

竹材与木材细胞壁糠醇气相吸附沉积改性示意图

社会经济效益和市场前景

该成果在湖南栋梁木业有限公司建成年处理能力 10 000 m³ 的木材糠醇树脂改性中式生产线 1 条，产品增值 3 000 元 /m³ 以上，每年仅原材料就可以增值近 3 000 万元。

采用该技术所生产的改性材在外观与质感上与高档阔叶木材相似，且具有尺寸稳定高和生物耐久性好等特点，可用于制作高端家具、地热地板等室内产品，也可以用于生产户外耐候地板、园林景观材料等产品，大幅提高人工林木材和竹材产品的附加值。

成果来源："竹材高值化加工关键技术创新研究"项目

联系单位：福建农林大学

通信地址：福建省福州市闽侯县上街镇溪源宫路 63 号福建农林大学旗山校区材料工程学院

联 系 人：余雁

电 话：13911735180

电子邮箱：yuyan9812@outlook.com

结构用重组竹制造装置和技术

技术目标

以慈竹和毛竹为主要原料，通过竹材连续化疏解、浸渍等装置和技术，以及树脂精准导入控制系统、竹材弱相细胞选择性增强等技术，开发了一种新型结构用重组竹。研制了铺装、进板、热压、卸板连续化成型装备，实现了重组竹成型工段连续化。

主要特征和技术指标

（1）竹材连续化疏解装备和技术。研制了竹材连续化疏解机，首创了疏解辊为非驱动辊的单辊驱动方式；研制了由异型叠加旋转刀片组成疏解辊与网纹辊搭配而成的纤维定向分离装置；发明了六锥面齿形结构。竹材通过上述疏解机疏解，打通树脂的渗透通道。

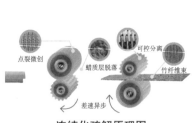

连续化疏解原理图　　　　　连续化疏解装备

（2）连续化浸渍装备和精准控制技术。研制了连续浸渍装置，开发了树脂精准导入控制系统，实现了精准连续浸胶。同时，通过设置浸胶辊中间间隙，精准控制胶黏剂浸渍量。

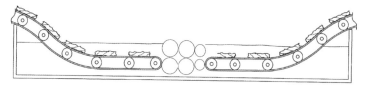

连续化浸胶原理图

（3）连续化备料装置和技术。研制了疏解、干燥、浸胶、胶后干燥连续化装备，实现了重组竹备料工段的连续化。

疏解、干燥、浸胶、胶后干燥一体化装备

（4）竹材弱相细胞选择性增强技术。通过热压，将纤维束中的薄壁细胞、导管等弱相细胞压缩密实；在湿热和高压的作用下，将酚醛树脂渗透到细胞壁中；在定向大片纤维束之间、裂缝内以及被密实的薄壁组织、导管等细胞腔内形成了不同尺度的酚醛树脂胶膜层，增强竹材的力学性能、尺寸稳定性。产品符合标准《结构用重组竹》（LY/T 3194—2020）中28E-165f型各项力学性能指标要求；防火性能达到了难燃B1级指标要求；防腐性能达到强耐腐等级Ⅰ；平均蚁蛀等级为0.3。

社会经济效益和市场前景

采用该技术制造的重组竹结构材，已经在房屋建筑、家具和室内外装饰装修等领域得到了应用，取得了显著的经济、社会和生态效益。2016 年应用于国家重点工程项目昭君博物院，成为第一个大型重组竹结构材柱梁一体化结构的范例；2019 年应用于北京世界园艺博览会"百果园"，重组竹结构材以系列作品呈现。

成果来源："竹资源全产业链增值增效技术集成与示范"项目
联系单位： 洪雅竹元科技有限公司，中国林业科学研究院木材工业研究所
通信地址： 北京市海淀区香山路东小府 1 号院
联 系 人： 余养伦
电 话： 13811830782
电子邮箱： yuyanglun@caf.ac.cn

大规格重组竹制造技术

技术目标

通过采用纤维定向分离技术和单辊驱动六角锥形齿面疏解机，将竹材加工成面密度均匀的梯形大片纤维束，采用斜立式定向组坯技术，形成定向重组板坯，通过采用大幅面多层热压机，调整热压成型参数，选择性增强了薄壁细胞、导管等薄弱组织，提高了重组竹的尺寸稳定性和强度，生产出大规格重组竹。

主要特征和技术指标

（1）定向大片纤维束制造技术。将毛竹中段尖削度较小的部位截成长 6.1 m 的竹筒，并沿纵向剖成 2～3 片半圆形或弧形竹片，去除内节，再经过疏解机进行疏解，竹材被分离成由 1～5 个维管束和若干个基本组织交织而成的面密度为 0.34～0.37 g/cm^3 的梯形结构定向大片纤维束。

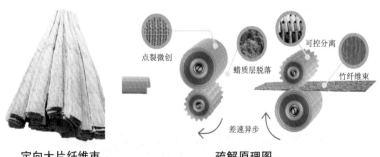

点裂微创　　蜡质层脱落　　可控分离　　竹纤维束

差速异步

定向大片纤维束　　　　**疏解原理图**

（2）大规格重组竹组坯技术。将定向大片纤维束浸渍酚醛树脂并干燥，按照设定的密度称量，采用均匀对称铺装，大头和小头的两片定向大片纤维束配对后形成近似平行四边形，如下图（a）所示。按照 45°～60°斜度堆叠组坯，形成定向重组材板坯，如下图（b）所示。

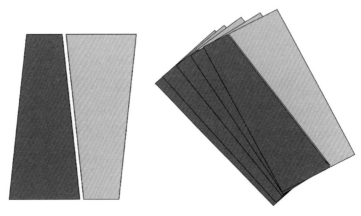

(a) 定向大片纤维束配对示意图　　　　(b) 组坯示意图

大规格重组竹组坯

（3）大规格重组竹成型技术。将重组竹板坯送入特制长度为 6 m 的多层热压机，采用"热进冷出"的热压工艺压制成规格为 6 000 mm×1 800 mm×(10～70) mm 的大规格重组竹。

6 m 通长重组竹

社会经济效益和市场前景

采用目前常用的二次胶合工艺生产的大规格重组竹制造成本约为 8 700 元 /m³，而采用本技术研发的一次热压成型工艺制造的产品成本约 7 450 元 /m³，降低约 15%，具有良好的市场推广价值。该产品可用于制造建筑结构材料、景观建筑材料、卡车车厢底板、室内外装潢装饰材料等，具有广阔市场潜力。

成果来源：	"竹资源全产业链增值增效技术集成与示范"项目
联系单位：	中国林业科学研究院木材工业研究所，井冈山安竹科技有限公司，
	江西安竹科技有限公司
通信地址：	北京市海淀区香山路东小府 1 号院
联 系 人：	余养伦
电　话：	13811830782
电子邮箱：	yuyanglun@caf.ac.cn

大规格建筑结构用层积重组竹制造关键技术

技术目标

针对目前结构用重组竹的耐久性问题，以及困扰产品市场应用的防腐防霉难题，开发了大规格建筑结构用重组竹。通过对构成单元的竹束进行低温常压浸渍改性处理，研发了热压成板后制成的标准化层板材料以及连续化指接加工、复合成型和后处理防护等工艺，制成符合市场要求的大规格建筑结构用重组竹。

主要特征和技术指标

（1）大规格建筑结构用重组竹层板采用高强防霉技术处理，防霉防治效力达到92.5%。

（2）通过指接齿形优化，降低层板指接嵌合度，实现了重组竹层板的高效连续接长；抗弯强度达到75.10 MPa，比常规齿形提升15%，比常规花旗松提高60%以上；抗拉强度达到56.40 MPa，明显高于花旗松。

（3）通过采用重组竹刨砂一体化加工技术，改善了重组竹层板冷压复合胶接界面的胶液浸润性，胶层剪切强度达到18.46 MPa，胶层浸渍剥离达到Ⅰ类。

（4）使用专用复合压机，实现了大规格建筑结构用重组竹产品工业化生产，长度不低于6 000 mm，宽度不低于100 mm，厚度不低于 150 mm，抗弯强度达 44.63 MPa，抗弯弹性模量达 10.37 GPa，产品技术指标可以满足大跨度建筑梁、立柱和大规格板材等构件的使用要求。

社会经济效益和市场前景

目前，竹木建筑结构用材市场主要以结构用集成材为主，2019 年结构用竹集成材销售量约 50 万 m^3，建筑市场仍处于供小于求的状态。而重组竹虽然销售量大，市场年销售量可达 500 万 m^2 左右，但主要应用于户外景观和装饰装修，作为建筑结构用材比较少。该成果中的大规格建筑结构用层积重组竹在性能方面优于集成材，可用做竹建筑结构材，市场应用前景广阔。

大规格建筑结构用层积重组竹
生产线

该产品已成功应用到长春水文化生态公园、嘉兴华之毅办公大楼等项目中，拓宽了传统重组竹的应用领域，延长了建筑材使用寿命，节约了木竹材资源，对构建资源节约型、环境友好型和低碳型社会等具有十分重要的现实意义。

成果来源："竹资源全产业链增值增效技术集成与示范"项目

联系单位：杭州大索科技有限公司，国家林业和草原局竹子研究开发中心，
　　　　　江西竺尚竹业有限公司，福建大庄竹业科技有限公司

通信地址：浙江省杭州市萧山区临浦镇通一村

联 系 人：刘红征

电　　话：13867139936

电子邮箱：87798213@qq.com

竹展平复合规格材制备技术

技术目标

　　竹展平复合规格材是适用于大规模生产的中间产品，竹展平复合规格材制备是将竹材加工单元截面尺寸规格化、标准化、系列化，产品具备性能稳定、变形小、长久储存不开裂、无曲翘、方便运输的优点，可通过层积制备竹集成材，或者直接加工成地板、家具等产品，为后续的产品自动化加工奠定基础，促进竹质工程材料的大规模工业化生产。

主要特征和技术指标

　　（1）研发圆竹分级技术。通过壁厚和直径分级，将圆竹段等分成不同直径等级，从而保证剖分弧形竹片宽度；壁厚分等确定软化工艺，保证展平竹质量。

　　（2）开发无刻痕竹展平技术。通过梯度精准软化工艺和时间控制达到不同壁厚等级弧形竹片的最佳软化程度，利用竹展平一体机进行去青、去黄、展平连续化，经分段式干燥工艺和相向堆垛方式进行干燥。

　　（3）实现对称平衡组坯。对竹展平板进行性能筛选，选取性能相近的竹展平板进行竹黄面—竹黄面对称平衡组坯，通过高效、连续化的高频热压生产线制备。竹展平复合规格材的静曲强度125.1 MPa，弹性模量 11.9 GPa，顺纹抗压强度 65.2 MPa，顺纹抗拉强度 18.9 MPa，胶层剪切强度 10.0 MPa，24 h 吸水厚度膨胀率 0.5%，性能达到相关标准要求。

竹展平复合规格材地板和集成材

社会经济效益和市场前景

竹展平复合规格材与传统规格竹条制备的竹集成材相比，1m³ 生产成本降低 15%；竹木复合材制备的家具与竹集成材家具和重组竹家具相比，重量分别降低 10% 和 20%。安徽鑫华家具有限公司已应用竹规格材作为面板直接制备家具，安徽盛雅地板科技有限公司已应用竹规格材制备实木地板。

成果来源：	"竹资源全产业链增值增效技术集成与示范"项目
联系单位：	国际竹藤中心
通信地址：	北京市朝阳区望京阜通东大街 8 号
联 系 人：	刘焕荣
电　　话：	13811748782
电子邮箱：	liuhuanrong@icbr.ac.cn

湿地用竹基纤维复合材料制造技术

技术目标

针对高湿、高寒、高温、高盐碱等湿地环境特点，以竹材为主要原料，通过纤维化竹单板展平、精细疏解、热处理以及防霉剂微波导入等关键技术的结合，开发出湿地用竹基纤维复合材料制造技术，产品适用于潮湿环境的户外场合。

主要特征和技术指标

（1）竹材精细疏解分离技术。利用多功能竹材疏解设备，实现含水率、壁厚和疏解参数的三级协同精准控制，将竹材分离成多个维管束和若干个基本组织组成的原位纤维，为均匀地导入树脂增强材料提供材料基础。

（2）酚醛树脂均匀可控导入技术。研究不同固含量条件下浸渍用酚醛树脂施胶量控制方法，采用负压吸附导入、真空加压导入、多次梯级导入等方法，实现酚醛树脂的均匀可控导入。改变了竹材浸胶不均的问题，提高了产品的耐候性，并使产品的耐腐性达到强耐腐等级。

（3）防霉剂微波导入技术。采用微波处理技术对压制好的板材进行防霉剂导入处理，防霉剂的渗透量可达到 30% ～ 50%，使竹基纤维复合材料具有良好的防霉性能。

社会经济效益和市场前景

　　湿地用竹基纤维复合材料具有尺寸稳定性优良、安装简单等特性，可以代替实木应用于户外领域，如用于湿地公园和湿地保护区域的观鸟屋（台）、宣教馆、游步道、栈道、廊道、亲水平台、访客中心、围墙护栏等户外景观建设，属于绿色建材和环境友好型产品，具有广阔的应用前景。项目采取"以点带面"的模式进行推广，已应用在上海崇明东滩、苏州太湖二期、杭州西溪湿地，以及贵州、陕西、四川和新疆[①]等多地的湿地公园景区内设施的建设，体现了湿地生态特色，使游客充分感受到自然之美。

湿地用竹基纤维复合材料栈道

成果来源：	"竹资源全产业链增值增效技术集成与示范"项目
完成单位：	中国林业科学研究院木材工业研究所，广东省林业科学研究院
通信地址：	北京市海淀区香山路东小府1号院
联 系 人：	余养伦
电　　话：	13811830782
电子邮箱：	yuyanglun@caf.ac.cn

———————————
①　新疆维吾尔自治区，全书简称新疆。

连续竹纤维的制造关键技术与成套设备

技术目标

针对竹材产品同质化严重、适用领域窄、附加值低等问题，为充分发挥竹材中竹纤维纵向拉伸强度高、柔韧性好的特点，开发出连续竹纤维的制造关键技术。该技术以纤维细度、木质素含量为纤维性状评价指标，筛选出最适用于竹纤维连续化加工的慈竹。研发了竹纤维连续制造技术与成套设备，实现竹纤维连续化、均匀化制备加工。创新非平面层积板材制造模式，突破了竹纤维增强材料多维缠绕、编织及异型模塑成型关键技术，创新非平面层积材料制造模式，实现良好的经济、生态和社会效益。

主要特征和技术指标

（1）设计研发了连续竹纤维制备成套设备，主要包括高效网纹竹纤维制备机组、竹纤维质量评价设备、竹纤维搓揉机、纤维分选机、纤维成毡机、纤维束定向拉伸机、加捻收卷机和纤维成绳机。

（2）制备出不同捻度、不同细度和不同规格混纺竹纤维产品，连续竹纤维线密度 $\leqslant 1\,266$ tex，捻度 $\leqslant 175$ 捻 / m，回潮率为 $\leqslant 12.8\%$，断裂强力 $\geqslant 2\,362$ cN，断裂伸长率 $\geqslant 1.41\%$。

（3）以连续竹纤维增强相、$CaCO_3$ 颗粒为界面改性剂，制造的竹纤维复合材料界面性能得以显著提高，可部分代替市场上的麻纤维应用于复合材料领域，实现了竹纤维的高值化利用。

社会经济效益和市场前景

　　针对原竹材利用，按慈竹材 500 元 / t、竹纤维纱线 6 000 元 / t 计，附加值提升 4 500 元 / t，相较于相同细度的麻纤维，每吨价格便

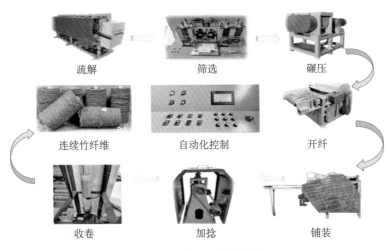

连续竹纤维的制造关键技术

连续竹纤维产品

宜 2 000 元。连续竹纤维纱线经第三方检测性能良好，可广泛应用于纺织和复合材料等领域。连续竹纤维弥补了目前国家棉麻等天然纤维不足的市场现状，比较其他天然纤维的制备工艺，该技术方法及优化的制备工艺，减少了环境污染，节省了环境污染治理费用，具有十分广阔的市场前景以及良好的经济与社会效益。

成果来源：	"竹材高值化加工关键技术创新研究"项目
联系单位：	国际竹藤中心
通信地址：	北京市朝阳区望京阜通东大街 8 号
联 系 人：	程海涛
电　　话：	15801589363
电子邮箱：	htcheng@icbr.ac.cn

竹纤维异型复合材料制造关键技术

技术目标

相比于传统复合材料用玻璃纤维、玄武岩纤维等无机增强纤维，竹纤维具有密度低、来源广、节能环保，以及良好的加工、吸声和阻尼等特性。但是，其具有独特的空腔结构、纤维束的加捻结构以及由加捻结构造成的非均匀缠绕结构，影响着植物纤维增强复合材料成型质量及力学性能。研发竹纤维异型复合材料制造技术与成套装备，有利于实现竹纤维复合材料产品多规格化和多功能化，推动其在电缆保护管、健康风管、复杂环境管道、汽车内衬件等绿色复合材料高端领域应用发展。

主要特征和技术指标

（1）构建了具有加捻结构特性的植物纤维束模型和内固化过程精确预测模型，建立了植物纤维缠绕复合材料综合评价体系，研发了加捻、缠绕及内固化成型关键技术与设备，制备了竹纤维缠绕管件。

（2）竹纤维管件产品拉伸强度 5.94 MPa、冲击强度 1.97 kJ/m^2、环刚度 12.85 kN/m^2、耐风压 2 500 Pa（达到中等风压要求），且管壁未结露。通过研究植物纤维异型管件吸湿特性和建立寿命预测方法，证明了植物纤维复合材料在低温高湿环境下具有较好的长期服役能力，在满足安全适用要求条件下，至少可达 10 年。

（3）创新了汽车内衬用竹纤维复合材料多部件一体化制造技术，

突破了传统工艺无法实现多部件深度模压技术难题，开发了汽车内衬用竹纤维/聚丙烯异型构件，异型构件密度为 0.98 g/cm³，静曲强度 57.7 MPa，弹性模量 3 300 MPa，24 h 吸水厚度膨胀率 1.2%，模压深度达到 10 cm。挥发性有机物（VOC）和半挥发性有机物（SVOC）检测不出苯类、甲醛等醛类物质，符合相关标准（Patac engineering standards TS–INT–001 PES11080）限值要求。

竹纤维缠绕设备及产品

竹纤维汽车内衬件

社会经济效益和市场前景

　　竹纤维异型复合材料的利用可以提升竹材的固碳储碳效益并降低环境负荷。生产 1 kg 玻璃纤维需要总能耗约 54 MJ，而生产 1 kg

竹纤维总能耗不高于 17.25 MJ，节能减排约 68%。玻璃纤维复合材料的环境负荷为 0.003 20 Pt，竹纤维复合材料为 0.002 47 Pt，降低了 22.8%。利用竹纤维制备的异型复合材料，可以有效提高竹材加工利用的附加值。以竹纤维复合材料电缆保护管替代其他材质电缆保护管的 5%，则年总需求可达 40 亿元。竹纤维汽车内衬件密度由 1.05 g/cm^3 降为 0.92 g/cm^3，纤维减重达到 12.4%，可减少 9.92% 的燃油消耗（每减重 10% 节省 8% 燃油消耗）。

成果来源："竹材高值化加工关键技术创新研究"项目

联系单位：国际竹藤中心

通信地址：北京市朝阳区望京阜通东大街 8 号

联 系 人：程海涛

电　　话：15801589363

电子邮箱：htcheng@icbr.ac.cn

竹加工与制浆剩余物制造新型竹塑复合材料关键技术

技术目标

　　竹材加工与制浆过程中将产生大量的固体剩余物竹屑，同时白泥又是竹材制浆过程中的主要固体剩余物。竹屑常规处理方式是焚烧或制炭，白泥常规处理方式是堆放和填埋，既不能高效利用剩余物，又造成了环境污染。充分利用竹材加工与制浆剩余物，开发新型竹塑复合材料，满足了我国竹材加工与制浆以及新材料产业发展的迫切需求。

主要特征和技术指标

　　（1）设计了竹屑和白泥在芯壳结构竹塑复合材料中的表芯层分配与效用，有效实现了白泥增强表层耐水性与耐磨性、竹屑增强芯层力学强度的作用；建立竹塑复合材料界面分形理论评价方法。

　　（2）创新研发了改性沙林树脂作为壳层基体，实现其与芯层的竹屑/高密度聚乙烯树脂混合体界面的有效融合，有效地改善了芯壳结构竹塑复合材料表面的耐磨性能。芯壳结构的竹塑复合材料弯曲强度不小于 26 MPa，常温落球冲击凹坑直径不大于 5.6 mm，吸水率不大于 0.3%，吸水厚度膨胀率不大于 0.25%，表面耐磨不大于 0.039 2 g/100 r，达到《木塑地板》（GB/T 24508—2009）和《木塑装饰板》（GB/T 24137—2009）要求。

芯壳共挤出制造关键技术

竹塑复合地板

社会经济效益和市场前景

竹塑复合材料可广泛应用于土木工程建设、包装与物流、汽车与船舶工业等领域，具有广阔的市场前景。已在浙江鑫隆竹业有限公司改建成年产 1 500 t 的竹塑复合材料中试生产线 1 条。其经济效益测算：白泥回收免费，竹屑 65 元 / t，代替竹木粉（300 元 / t）和碳酸钙（60 元 / t），每吨竹塑复合材料可节约成本 129.5 元，按 1 条生产线年产竹塑复合材料 1 500 t 计算，每年可节约原料成本 19.43 万元，同时减少了白泥填埋所需费用及其对环境的影响；与传统竹塑复合材料 6 400 元 /t 的成本相比，新型结构竹塑复合材料按 9 600 元 /t 计，每吨产品附加值提升 50%，改建的年产 1 500 t 生产线每年可以增值 480 万元。该技术对于我国竹质材料和制浆废弃物的再利用具有重要的价值，经济、生态和环境效益显著。

成果来源："竹资源全产业链增值增效技术集成与示范"项目

联系单位：国际竹藤中心

通信地址：北京市朝阳区望京阜通东大街 8 号

联 系 人：程海涛

电　　话：15801589363

电子邮箱：htcheng@icbr.ac.cn

竹缠绕复合管

技术目标

竹缠绕复合管是以竹材为主要原料，以树脂为胶黏剂，经过缠绕工艺加工成型，制造出具有较强抗压能力、重量轻、寿命长的新型生物基管道。通过开展竹种筛选、竹篾性能改良、生产线自动化升级、生产工艺优化、性能测试、产品应用等多方面深入研究，实现竹缠绕复合管的高效加工和应用技术。

主要特征和技术指标

（1）竹缠绕复合管生产效率和产能显著提高。年产 2 万 t 生产单元的用工人数从 160 人降至 128 人，自动化技术降低人力成本 20%，缩短生产时间 10%，显著提升生产效率。

（2）竹缠绕复合管的应用环境适应面广。竹缠绕复合管可应用于压力等级 0.2～1.6 MPa、环刚度等级不小于 5 000 N/m² 的城市给排水、水利输水、农田灌溉、石油污水处理、工业循环水等管道工程，应用环境温度 –40℃～80℃，耐腐等级为强耐腐，预测使用寿命达 50 年以上。

竹缠绕复合管的技术指标

项目	指标	项目	指标
管径	DN150～DN3 000	初始环刚度	≥ 5 000 N/m²
密度	0.95～1.00 g/cm³	使用寿命	≥ 50 年

续表

项目	指标	项目	指标
轴向拉伸强度	10 ～ 24 MPa	内表面粗糙度	0.008 4 ～ 0.010 0
弯曲弹性模量	2.6 GPa	使用压力	≤ 1.6 MPa
短时失效水压	不小于管道的压力等级的 3 倍	使用温度	−40 ～ 80℃
导热系数	0.003 2 W/(m·K)	线膨胀系数	≤ 2 × 10^{-5}%
燃烧等级	B1	介质温度	≤ 90℃

竹缠绕复合管生产车间

竹缠绕复合管施工现场

社会经济效益和市场前景

竹缠绕复合管将成为继钢材、水泥、金属、塑料等传统管材后的又一种新型生物基管材。该产品采用以竹资源为基材的竹缠绕复合材料，在资源获取、材料加工、产品制造、产品运输、产品安装方面能耗低，可广泛应用于农田灌溉、水利输送、城市给排水、污水管网建设等领域，大范围替代传统中低压管道。目前已建成年产 2 万 t 生产单元 4.5 个，包括 18 条竹缠绕复合管生产线，合计产能达 9 万 t。竹缠绕复合管产业发展符合"两山"理论、乡村振兴、双碳目标的国家战略方针，将在"南南合作"与"一带一路"国际合作、实现区域经济绿色增长、推动全球生态文明建设中发挥重大作用。

成果来源："竹资源全产业链增值增效技术集成与示范"项目

联系单位：国家林业和草原局竹缠绕复合材料工程技术研究中心，浙江鑫宙竹基复合材料科技有限公司

通信地址：浙江省杭州市萧山区暨上王工业园区 668 号

联 系 人：翁赟

电　　话：13868131306

电子邮箱：526197866@qq.com

竹定向刨花板（竹 OSB）型材构件

技术目标

竹定向刨花板（竹 OSB）在性能方面等同或优于木质 OSB，可作为木质 OSB 的替代品。竹 OSB 为原材料制备建筑用型材构件，可用于低层装配式建筑等领域的结构用梁柱。

主要特征和技术指标

（1）构件单元材料选择。建立了不同模量 3 种规格的竹单向刨花板（BOSL）批量生产能力。低模量的用于柱材，高模量的用于腹板梁的翼缘。双向铺装的竹定向刨花板（BOSB-1），承担剪切载荷，用于梁的腹板和柱连接板。

（2）竹定向刨花板的指接。采用 PS-2 标准将竹定向刨花板指接接长，确定指接强度的设计值。较优工艺参数为指榫齿长 19 mm，施胶量 290 g/m²，端压 3 MPa。

（3）工字梁和五芯柱的设计和制造。依据有限元模拟构件受力桩体，设计翼梁、腹板截面尺寸参数，设计和制造标准化和系列化的工字梁和五芯柱。

（4）工字梁和型材柱。经南京工大建设工程技术有限公司和中国林业科学院木材工业研究所评估，竹 OSB 工字梁的极限承载力为 212.8 kN，最大压缩承载力为 426.3 kN/m，弯曲模量 12.9 GPa，刚度 3.12×10^{12} N·mm²；竹 OSB 五芯型材柱抗压强度 50.0 MPa。

（5）柱与梁的连接。采用植筋和预埋金属件的方法，通过设计计算，确定连接件植筋直径和预埋长度，保障五芯柱和腹板梁的连接性能。

```
┌─────────┐   ┌──────┐   ┌──────┐   ┌──────┐   ┌──────┐   ┌─────────┐   ┌──────────┐
│ BOSL/   │ → │ 截断 │ → │ 铣齿 │ → │ 指接 │ → │ 砂光 │ → │ 施胶加压 │ → │ 成品柱/梁 │
│ BOSB-1  │   └──────┘   └──────┘   └──────┘   └──────┘   └─────────┘   └──────────┘
└─────────┘
```

制备关键技术

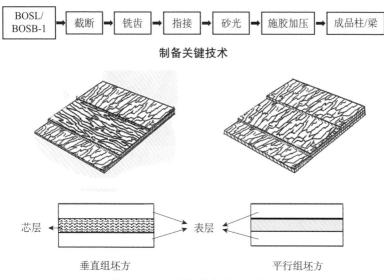

垂直组坯方　　　　　　　　　　　　平行组坯方

竹 OSB 两种刨花铺装方式示意图

竹 OSB 工字梁

不同类型的竹 OSB 柱

社会经济效益和市场前景

结构用竹 OSB 及型材构件已在湖北省建筑科学研究设计院股份有限公司绿色示范项目、南京市第十三中学教学楼绿色化改造示范项目和南京市河西生态公园零能耗建筑示范项目得到推广示范应用。

成果来源： "竹资源全产业链增值增效技术集成与示范" 项目

联系单位： 国际竹藤中心

通信地址： 北京市朝阳区望京阜通东大街 8 号

联 系 人： 刘焕荣

电　　话： 13811748782

电子邮箱： liuhuanrong@icbr.ac.cn

竹材防霉剂负载缓释长效防护技术

技术目标

竹材在潮湿环境容易发生霉变，导致显著降低竹材及其产品的使用价值。为解决这一难题，项目研发了竹材长效防护处理技术。利用价廉易得、处理方式简单的埃洛石纳米管作为IPBC（碘代丙炔基氨基甲酸丁脂，一种防霉抗菌剂）的缓释载体，突破了IPBC在使用过程中热稳定性差、易紫外光解的难题，实现了高效长效防护，延长了竹材的户外使用寿命。

主要特征和技术指标

（1）利用埃洛石纳米管作为防霉药剂IPBC的缓释载体，原料属于天然纳米黏土，具有绿色环保、制造成本低等特点。

（2）采用酸溶液刻蚀技术和二甲基亚砜插层技术，对埃洛石纳米管进行活化改性，实现对IPBC的高量负载。

（3）采用聚电解质（聚丙烯胺盐酸盐和聚苯乙烯磺酸钠）对载药埃洛石进行封装，有效延长了防霉药剂的释放时间。

（4）利用本技术对竹基复合材料进行机械添加或涂刷防护处理，解决了防霉药剂IPBC在复合材料制备过程中容易被高温分解，以及在户外使用过程中易紫外光解的难题，中间处理的重组竹对霉菌和变色菌的防治效力达到100%，紫外照射后保持了70%防霉效力，使其户外使用寿命显著提高。

长效防护重组竹的室外应用案例

社会经济效益和市场前景

该技术利用天然埃洛石纳米管对传统防霉剂进行负载防护，可显著提高防霉药剂的耐热、抗紫外光解和抗流失的性能，不仅直接、有效，而且工艺相对简单、原料成本低，具有工业化潜力，是延长竹质材料户外使用寿命、高效利用竹材资源的重要措施。该项技术经过多次中试生产性试验，形成成熟的技术，已经在山东省青岛市和广西桂林市龙胜镇等地区规模化应用，市场前景广阔，具有良好的推广价值。

成果来源："竹材高值化加工关键技术创新研究"项目
联系单位：国际竹藤中心
通信地址：北京市朝阳区阜通东大街 8 号
联 系 人：覃道春
电　　话：15210436572
电子邮箱：qindc@icbr.ac.cn

竹材高效长效防腐防霉技术

技术目标

针对竹材防霉防腐剂抗菌广谱性差以及竹材难渗透等问题，开发了高效、环保的竹材防腐防霉剂及竹基复合材料处理技术。该技术开发的药剂与传统防护药剂相比，具有防腐防霉抗菌广谱的优点。采用高效后处理技术，解决了竹材用复合制剂防腐剂稳定性差、防护剂抗菌广谱性不强等问题，实现对竹质材料防霉防腐的长效防护。

主要特征和技术指标

（1）复合制剂防腐剂有效成分用量为 0.05 ～ 0.20 kg/m³，高效、低毒、环保、防腐防霉有效成分抗流失，单一制剂及复合制剂有效成分流失率低于 5.2%，实现了竹材高效、长效、绿色防护。

（2）竹基复合材料后处理技术，IPBC 浓度大于 0.05% 时，竹集成材吸液量大于 60 L/m³，竹重组材吸液量大于 15 L/m³。载药量为 0.15 ～ 0.4 g/m²，异噻唑啉酮（CMIT/MIT）浓度为 0.3% ～ 0.4% 以及载药量为 1.5 ～ 1.8 g/m² 时，对霉菌和变色菌防治效率达到 100%，防腐朽质量损失率小于 3%，实现了户外竹质材料高效、多效防护。

竹集成材后处理生产线

社会经济效益和市场前景

竹集成材和重组竹等材料采用防霉后处理技术，达到防治霉菌、变色菌的效果，提高了产品品质，大大增加了竹材的附加值。在湖南、江苏、福建建成竹材防霉防腐生产线 3 条，应用该技术处理 100 万 m² 竹集成材，产品主要用于出口，符合国外环保要求，提高产品附加值 30% 以上，药剂成本降低了 60%。

成果来源："竹材高值化加工关键技术创新研究"项目
联系单位：中国林业科学研究院木材工业研究所
通信地址：北京市海淀区东小府 1 号
联 系 人：蒋明亮，张景朋
电　　话：010-62889471，13661273226
电子邮箱：jiangml@caf.ac.cn

竹材无裂纹展平生产技术

技术目标

利用毛竹材直接加工成大幅面装饰板材的技术一直处于空白。针对传统竹集成材加工方式存在的原料利用率低、机械化程度不高等瓶颈问题，开展了竹材无裂纹展平技术攻关与产业化研发。利用快速的软化方法和展平设备将竹筒或弧形竹片展开成平直状，得到较大幅面的无裂纹竹展平板材，克服了竹材本身结构和加工过程中的缺陷，生产过程环保无污染，提高了竹材利用率和附加值。

主要特征和技术指标

（1）通过竹筒高效浮动铣削、高温高湿软化、应力分散展平、刨削展平等关键装备与技术开发，将毛竹竹筒通过工艺技术创新直接展开成宽幅无裂纹竹板材，或将弧形竹片通过工艺技术创新直接展开成长幅无刻痕竹板材。

（2）与传统方法相比，竹材出材率提高 20%，胶黏剂用量降低 30%，成本降低 20% 以上；竹展平板得率达 90% 以上。产品指标符合国际标准《Bamboo floorings–Part 1: Indoor use》（ISO 21629—1）和行业标准《展平竹地板》（LY/T 3201—2020）等技术指标要求。

竹材无裂纹展平装备

社会经济效益和市场前景

　　该成果已在浙江、福建、江西、湖南等地建成 10 多条竹材无裂纹展平生产线，竹展平板生产能力达 1 000 万 m²，市场占有率达 90% 以上。产品主要应用在家居、日用品、建筑等领域，符合国家环保要求，提高产品附加值 30% 以上。竹展平板系列产品可替代部分现有的竹集成材地板、竹砧板、茶盘、果盘、餐具等日用消费品，以及户外地板、建筑外立面等户外景观用材，如能替代 10% 的用量就可达 30 亿元以上的市场销售额。

竹展平板系列产品

成果来源："竹材高值化加工关键技术创新研究"项目

联系单位：南京林业大学

通信地址：江苏省南京市龙蟠路 159 路

联 系 人：李延军，王新洲

电　　话：13601589171，15895988362

电子邮箱：lalyj@126.com

竹质异色层积装饰材制造技术

技术目标

利用柔性竹单元加工、竹束高压染色技术实现竹束均匀染色。采用机械化连续编织方法加工整张化异色竹束单板，实现竹质异色层积装饰材连续化铺装。研发了竹质异色层积装饰材连续化生产技术，系列产品可应用于室内装饰和家居制造等领域。

主要特征和技术指标

（1）竹束连续化编织技术。通过连续化竹束编织设备开发，设备缝纫厚度 10 mm，编织线横向间隔取 30 cm，编织速度为 5 m/min。缝纫宽度从 1.0 ～ 2.5 m 可调。实现柔性竹束连续化编织加工，获得整张化竹束单板，利于竹质异色层积装饰材快速组坯。改善板坯铺装效率和结构均匀性，提升竹质异色层积装饰材密度均匀性和尺寸稳定性等。

竹束连续化编织

（2）高渗透性染液配制技术。配制竹材染色胶体溶液，其浓度在 0.01%～1%。固色剂、渗透剂、匀染剂、pH 值调节剂等助剂，用量分别在 0.001%～0.5%。研究固色剂、渗透剂、匀染剂、pH 值调节剂等助剂添加比例，实现 10 mm 左右厚度的柔性竹束上染率达到 15% 以上。

柔性竹单元高压深度染色

（3）竹束高压染色技术。利用定制竹木材高压染色设备，采用前真空—加压—后真空工艺，在液压 1.5 MPa 条件下，使竹束染色效率较常压染色方式提升 2～3 倍，竹束染色均匀性显著改善。克服了竹材渗透性差、难以实现快速均匀染色问题。

竹质异色层积装饰材

社会经济效益和市场前景

　　已建成了年产 5 000 m³ 竹质异色层积装饰材中试示范线，产品已在宁波金海贝家居有限公司鱼缸底托、定制家居及成品家具领域推广应用。

　　该技术可应用于制造高档竹地板、刨切薄竹、竹质家具等竹质建筑装饰材料，丰富了竹制品种类。高渗透性染液配制及竹束高压染色技术可以为工业用竹材染色提供理论依据，为竹材染色企业提供调色配色技术服务。

成果来源："竹资源全产业链增值增效技术集成与示范"项目

联系单位：国家林业和草原局竹子研究开发中心，茂友木材股份有限公司

通信地址：杭州市西湖区文一路 310 号

联 系 人：何盛

电　　话：13758262879

电子邮箱：hesheng_cbrc@163.com

竹质异色层积装饰材产品

技术目标

集成柔性竹束加工、竹束高压染色及竹束连续化编织等技术，形成了竹质异色层积装饰材工业化生产制造工艺，制造了竹质异色层积装饰材新产品。

主要特征和技术指标

（1）利用高渗透性染液配制及竹束高压染色技术，实现柔性竹束快速均匀染色。竹束上染率达到 15% 以上。在染液材积比 5∶20、加压压力 1.5～3.5 MPa、加压时间 2～6 h 条件下实现柔性竹单元深度均匀染色。

（2）利用柔性竹束加工及竹束连续化编织技术，改善竹质异色层积装饰材板坯铺装效率和结构均匀性，产品密度均匀性显著提升，吸水厚度膨胀率（厚度及宽度方向）降低 20%。

（3）集成柔性竹束加工、竹束高压染色及竹束连续化编织等技术，制造了竹质异色层积装饰材新产品。产品具有纹理丰富、装饰性强、附加值高等特点，产品耐光色牢度达到 3 级以上，符合《竹质异色层积装饰材》（Q/MY 01—2020）要求，静曲强度为 136.00 MPa，弹性模量为 13 170 MPa，漆膜附着力为 1 级。

竹质异色层积装饰材新产品

社会经济效益和市场前景

　　该新产品已在浙江永裕家居股份有限公司的室内地板生产领域，以及浙江万美士装饰材料股份有限公司的装饰墙板产品开发方面推广应用。该产品具有纹理丰富、装饰性强等特点，可应用于室内地板、装饰墙板及家具贴面等领域，具有很好的推广价值。

成果来源：＂竹资源全产业链增值增效技术集成与示范＂项目

联系单位：国家林业和草原局竹子研究开发中心，茂友木材股份有限公司

通信地址：杭州市西湖区文一路 310 号

联 系 人：何盛

电　　话：13758262879

电子邮箱：hesheng_cbrc@163.com

竹材弧形原态等曲率层积材

技术目标

针对竹材具有中空、锥形、竹青/竹黄/竹节物理力学性能差异大等特点，将圆形空心竹材加工成弧形竹坯，保持竹材天然结构，进行原态组坯重组，研发出竹材弧形原态等曲率层积材新产品。优化破竹、弧铣竹青及竹黄、组坯、干燥、热压工艺技术，研究弧形竹片的干燥工艺，并对竹材原态重组材料成型工艺进行了产业化推广应用。产品可替代木材及各种人造板材。

主要特征和技术指标

（1）竹材弧形原态等曲率层积材是先由竹青面和竹黄面光滑的弧形竹片以其弧形相同朝向并列排放加压粘接制成板材，弧形竹片的内弧半径与外弧半径相等；再将数层板材表面加工平整后同向叠放，采用弧形模具热压机加压粘接形成具有不同厚度的板材或方材。

（2）与常规竹材矩形单元重组相比，该竹材产品一次性利用率可达 87% 以上，施胶量减少 20% 以上。经国家人造板与木竹制品质量监督检验中心检测，竹材弧形原态等曲率层积材静曲强度为 135.2 MPa，弹性模量（平行）为 11 707.7 MPa。

竹材弧形原态重组材及利用其制作的家具

社会经济效益和市场前景

　　竹材弧形原态等曲率层积材已经在家具领域中得到了示范应用，商品名为"竹弧形材"。竹材弧形原态等曲率层积材能够最大限度地保持竹材的原生形态，是实现竹材高效综合利用的一种新途径，竹材利用率可达 70% 以上，而且材料具有较高强度，可以用于建筑用结构积层材、家具、包装、装饰材料等领域，产业化前景广阔，具有较好的经济效益。

成果来源："竹资源高效培育关键技术研究"项目

联系单位：国家林业和草原局北京林业机械研究所

通信地址：北京市朝阳区安苑路 20 号世纪兴源大厦

联　系　人：张彬

电　　话：15810049993

电子邮箱：zhangbinbj1234@163.com

插接式竹定向刨花板（竹 OSB）家具

技术目标

竹定向刨花板（竹 OSB）是以竹材为原料，通过专用设备加工成一定形态规格的刨片，再经干燥、施胶和定向铺装，经热压成型的一种新型人造板，可利用形态较差的竹材来制备刨片，提高材料的利用率。基于竹 OSB 具有的抗弯强度高、尺寸稳定性好、材质均匀、易于进行表面装饰等优点，研发插接式竹 OSB 家具，有利于实现竹质家具的定制化和智能化制造，可满足消费者的个性化需求，利用卡槽或连接件进行 DIY 组装，可以实现整套家具的快速组装。

主要特征和技术指标

（1）竹 OSB 扣板插接式家具连接技术。开发竹 OSB 定制铣刀，利用数控加工中心将竹 OSB 加工成卡头和卡槽结构。定制铣刀为螺旋刃柄铣刀，铣刀转速 12 000 ～ 18 000 r/min，进给速度 90 m/s，铣削深度 5 mm/ 次，卡头长度 60 mm，卡槽长度 120 mm。

（2）竹 OSB 夹板插接式家具连接技术。开发无需板材打孔的夹板插接式连接件。连接组件分为两板连接件和三板连接件，可通过调节螺钉的旋入深度来适应 12 ～ 20 mm 的板材。两板连接件由内侧转角型部件、外侧转角型部件以及 1 枚固定螺钉组成。三板连接件包括 2 个内侧转角型部件、外侧竖直部件以及紧固部件，运用 3 枚螺钉从各个方向固定组成连接形式。连接件的内侧采用橡胶垫，用以增大与板材之间的摩擦性。

（3）通过定制铣刀开发、竹 OSB 扣板及夹板插接式等技术集成，制造了插接式竹 OSB 家具新产品。按照《竹制家具通用技术条件》（GB/T 32444—2015）进行了相关性能检测，插接式竹 OSB 家具各项性能评价远优于国家标准，具有较好的强度、耐久性和稳定性。

夹板插接式竹 OSB 家具性能检验

检验项目	检验依据	检验内容		标准要求	检验结果	单项评价
竹制件外观	GB/T 1765—2013	表面耐磨性能测定		1 000 r	1 500 r	优于国家标准
金属件强度	GB/T 1732—2020	冲击强度测定		冲击高度 400 mm	冲击高度 500 mm	优于国家标准
家具强度和耐久性	GB/T 10357.1—2013	强度测定	垂直静载荷试验	500 N，10 次	1 250 N，10 次	优于国家标准
			桌面垂直冲击试验	跌落高度 80 mm，2 次	跌落高度 180 mm，2 次	优于国家标准
			桌腿跌落试验	跌落高度 100 mm，10 次	跌落高度 300 mm，10 次	优于国家标准
		耐久性测定	桌面水平耐久性试验	循环次数 5 000 次，150 N	循环次数 30 000 次，150 N	优于国家标准
家具稳定性	GB/T 10357.7—2013	稳定性测定		施加载荷最小 600 N	施加载荷 1 100 N	优于国家标准

插接式竹 OSB 家具

社会经济效益和市场前景

安徽省华旦办公家具有限公司使用竹 OSB 夹板式连接技术，开发了夹板式办公家具、民用家具等新产品。插接式竹 OSB 家具结构简单，可满足消费者的个性化需求，通过网络实现销售，消费者利用卡槽或连接件进行 DIY 组装，就可以实现一整套家具的快速组装。插接式竹 OSB 家具可广泛应用于民用家具、办公家具和展会家具等领域，具有较大的市场空间。

成果来源："竹资源全产业链增值增效技术集成与示范"项目

联系单位：安徽农业大学，国际竹藤中心，安徽龙华竹业有限公司

通信地址：安徽省合肥市长江西路 130 号

联 系 人：郭勇

电　　话：13856918979

电子邮箱：fly828828@163.com

模压重组竹地板

技术目标

针对现有重组竹地板表面二次涂饰加工存在的问题，项目研究提出了一次模压成型技术方案，开发出竹麻复合和全竹两款表面模压重组竹地板，提高了产品的材料尺寸稳定性、耐候性和抗滑等性能，解决了重组竹地板开裂、跳丝等技术难题。

主要特征和技术指标

（1）定向大片纤维束制备技术。定向大片纤维束是由弧形竹筒经过疏解制备而成，疏解机对弧形竹筒外弧竹青层的蜡质和内弧竹黄层的硅质进行切割、劈裂和挤压；在该半圆竹筒的上下表面及其竹壁上形成具有间断的粗细不均的系列纵向裂缝，打通树脂的渗透通道。

（2）一次模压成型技术。研制了带有立体纹路的沟槽上表面模具和沿压机长度方向通长的直径为 2 ～ 5 cm 半圆柱体下表面模具，将浸渍酚醛树脂的定向大片纤维束按顺纹铺装后，在表面铺设 1 ～ 2 层定向麻纤维布，通过模压将竹纤维束压缩密实。

（3）制备的模压户外重组竹地板，产品物理力学性能符合《重组竹地板》（GB/T 30364—2013）中各项指标要求；抗滑性能达到《木塑地板》（GB/T 24508—2009）规定的防滑值指标要求；燃烧性能达到《建筑材料及制品燃烧性能分级》（GB 8624—2012）规定的难燃 B1 级；防腐性能达到强耐腐等级 I；平均蚁蛀等级为 0.3。

社会经济效益和市场前景

　　该产品与现有的毛竹重组竹地板相比，其综合成本降低35%。产品可用于户外木质平台、露台、步道、栈道、景观铺地材料等领域。目前已在四川瓦屋山栈道、丹景台风景区、洪雅观澜城邦等大型工程得到大规模推广利用，取得了显著的经济、社会和生态效益。

四川瓦屋山栈道

丹景台风景区

洪雅观澜城邦

重要工程案例

成果来源："竹资源高效培育关键技术研究"项目
联系单位：洪雅竹元科技有限公司，中国林业科学研究院木材工业研究所
通信地址：北京市海淀区香山路东小府 1 号院
联 系 人：余养伦
电　　话：13811830782
电子邮箱：yuyanglun@caf.ac.cn

净化甲醛用竹质活性炭制备关键技术

技术目标

针对目前竹活性炭去除室内甲醛的方法难以同时满足操作便捷、成本低廉和去除率高等问题，以竹质活性炭为主要原料，尿素、乙二胺和三聚氰胺为表面修饰剂，从炭化料优选、氨基修饰工艺设计、甲醛净化性能优化等方面进行了研究，研发了净化甲醛用改性竹质活性炭关键技术。

主要特征和技术指标

（1）采用氨基修饰制备的吸附甲醛用竹质活性炭，比表面积 $754 \sim 1\ 157\ m^2/g$，氮含量 $1.0\% \sim 6.8\%$，甲醛净化效率从商用竹质活性炭的 37% 提升至 96%。氨基修饰竹质活性炭丰富了活性炭表面甲醛吸附位点，有效提升甲醛去除效率。

（2）与现有的植物类吸附甲醛用活性炭材料相比，该技术开发的吸附甲醛用材料具有甲醛去除率高、制备工艺简捷等优势，所制成的活性炭滤网成本与市售椰壳炭持平。

铁盐一步催化活化制备竹质活性炭 → 浸渍 尿素 乙二胺 三聚氰胺 → 竹质活性炭混合物震荡12 h → 干燥 → 氨基修饰竹质活性炭 → 制作 → 滤网 → 组装 → 新风机

吸附甲醛用氨基修饰竹质活性炭加工技术

吸附甲醛用活性炭对比

样品	甲醛去除率	检测温度	优势	缺点
氨基修饰竹活性炭	96%	25℃	工艺简单，绿色环保，甲醛去除率高	使用寿命有待进一步提高
商用活性炭	37%	25℃	成本低，操作简捷	室温下甲醛去除率低
硝酸改性活性炭	80%	25℃	甲醛去除效率较高	硝酸制备对设备要求高，成本高，且硝酸不易回收
氨水改性活性炭	74%	25℃	工艺简单，成本相对较低	材料具有刺激性气味，去除率低

社会经济效益和市场前景

利用本研究开发的一步法活化技术，在江苏哈特尔碳材料有限公司已开发出成本低廉、性能稳定的甲醛净化用竹质活性炭滤网产品。按国内年滤网消耗量 3 亿片计算，若改性竹质活性炭滤网占市场 5% 份额，改性竹质活性炭滤网收益可达上亿元。

成果来源："竹材高值化加工关键技术创新研究"项目

联系单位：国际竹藤中心

通信地址：北京市朝阳区望京阜通东大街 8 号

联 系 人：刘杏娥

电　　话：13910677147

电子邮箱：liuxinge@icbr.ac.cn

铁盐一步催化活化法微孔活性炭制备技术

技术目标

　　活性炭的孔隙结构特点对其吸附、催化及储能性能具有重要影响。炭材料常用的孔结构调控方法主要有物理活化法和化学活化法。项目以毛竹材加工剩余物为原料，以氯化亚铁为活化剂，实现了高比表面积竹质活性炭一步法制备。竹质活性炭产品主要应用于有害气体净化用滤网和水体净化用滤芯的组装，部分替代煤质、木质、果壳和椰壳等活性炭产品，解决了传统高比表面积生物质活性炭制备得率低及工艺烦琐的问题。

主要特征和技术指标

　　（1）该技术具有工艺简单、能耗低、污染小等特点。制备的竹质活性炭具有发达的孔隙结构，能够满足商用活性炭的要求。

 浸渍铁盐并干燥
铁盐∶竹粉=(2~3)∶1
 N_2活化 1 h
700~900℃
 酸洗、水洗、干燥

竹粉　　　　　　竹粉/$FeCl_2$　　　竹质活性炭（未洗）　竹质活性炭（已洗）

铁盐一步催化活化法微孔活性炭制备工艺路线图

　　（2）该技术制备的活性炭总得率为28%～36%，具有发达的孔隙结构，比表面积和孔容最大分别可至 1 291 m^2/g 和 0.67 m^3/g，孔径主要为分布在 0.5～1 nm 区间，含有少量 1～2 nm 的微孔和 2～

3 nm 的介孔，为微孔炭。

（3）以该技术制备的活性炭为基体，结合氨基修饰工艺获得的吸附用竹质活性炭，甲醛净化效率从商用竹质活性炭的 37% 提升至 96%。

不同条件制备的竹质活性炭的孔隙结构参数

样品	总比表面积 (m^2/g)	微孔比表面积 (m^2/g)	介孔比表面积 (m^2/g)	总孔容 (m^3/g)	微孔孔容 (m^3/g)	介孔孔容 (m^3/g)	平均孔径 (nm)
ACFe700–2.5	670	581.21	54.76	0.40	0.24	0.13	2.32
ACFe800–2.5	1 030	944.18	54.95	0.54	0.38	0.14	2.09
ACFe900–2.5	1 291	1 192.19	69.70	0.67	0.49	0.17	2.08
ACFe1000–2.5	719	510.92	42.93	0.33	0.21	0.10	2.27
ACFe900–2	581	461.58	43.50	0.31	0.18	0.09	2.16
ACFe900–3	683	554.60	49.33	0.41	0.22	0.13	2.38

不同活化方式优势与不足对比

活化工艺	得率 (%)	比表面积 (m^2/g)	环境影响	优势	不足
铁盐催化活化法	28～36	581～1 291	污染较小，废水可回收	工艺简单，能耗低，炭得率高，低腐蚀性	浸渍时间较长
水蒸气活化法	20～26	459～1 210	绿色环保，无污染	不引入化学试剂，无污染	耗时长，成本高，炭得率低
磷酸活化法	41～44	578～802	腐蚀性强，污染大	炭得率高	对设备腐蚀性强
氢氧化钾活化法	12～16	2 302～3 447	腐蚀性强，污染大	活化效率高	对设备腐蚀性强，有爆炸风险，得率低

社会经济效益和市场前景

　　该成果将我国丰富的低质竹材及竹材加工剩余物等废弃资源加工成高性能和环境友好型的新产品，拓展了大宗竹源固体废弃物的高值化利用途径。技术的推广应用能够进一步丰富我国生物质活性炭产品种类，据此开发的改性竹质活性炭因成本及性能优势已成功应用于商业化的空气净化用滤网制备，有望产生可观的经济效益。

成果来源："竹材高值化加工关键技术创新研究"项目
联系单位：国际竹藤中心
通信地址：北京市朝阳区望京阜通东大街8号
联 系 人：刘杏娥
电　　话：13910677147
电子邮箱：liuxinge@icbr.ac.cn

竹机制棒成型和连续炭化
关键技术与装备

技术目标

竹炭是我国一种传统生物质能源材料，广泛应用于冶金、化工、医药、环保、农业等领域，但我国竹炭市场体系不完善，原料产量与价格受市场影响较大。针对竹炭企业规模小、产品质量参差不齐、生产过程污染环境、竹醋液和竹焦油等副产物未得到高附加值利用等问题，本项目开发了竹机制棒成型和连续炭化关键技术与装备，产品在烧烤、火锅、取暖等民用领域得到应用。

主要特征和技术指标

（1）竹木混合机制棒低能高效制备关键技术与装备。竹木混合机制棒的表观密度、抗碎性、抗压械强度分别从 1.082 g/cm³、88.67% 和 5.21 MPa 增加到 1.117 g/cm³、96.71% 和 6.72 MPa，破碎率从 5.01% 降低到 4.45%，满足《竹基生物质成型燃料》（LY/T 2552—2015）的性能指标要求。

（2）竹基生物炭绿色生产关键技术与装备。针对传统竹基生物炭生产效率低和环境污染严重的问题，研发出竹基生物炭绿色生产关键技术与装备，实现竹基生物炭的高效制备和清洁生产。

（3）竹炭—气—液多联产技术。针对竹炭企业规模小、产品附加值低、气—液副产物利用率低等难题，研发出竹炭—气—液多联产技术，开发出一系列竹炭和竹醋液等竹炭副产物创新产品。

竹机制棒成型产品

竹基绿色炭化设备

社会经济效益和市场前景

　　与常规的竹机制棒压缩成型技术对比，利用热解气体燃烧供热，用于原料干燥，能耗降低30%。与常规的碳化技术对比，提出能源自给型竹材生物质焙烧炭制备方法，效率提高20%，制备出满足《燃料用竹炭》（GB/T 28669—2012）中一级品要求的产品。通过竹醋液高值化利用技术，开发出抑菌型洗手液以及竹醋液光稳定剂等产品，提升产品附加值20%以上。该研究开发竹机制棒成型和连续炭化关键技术与装备，解决竹机制炭/成型炭生产过程中的环境污染、能耗高、效率低等问题，实现副产物的高值化利用，为竹基生物炭清洁生产和产业转型升级提供科技支撑。

成果来源："竹资源全产业链增值增效技术集成与示范"项目

联系单位：国际竹藤中心

通信地址：北京市朝阳区望京阜通东大街 8 号

联 系 人：刘志佳

电　　话：13521456391

电子邮箱：liuzj@icbr.ac.cn

竹源青贮饲料高效制备与
应用关键技术

技术目标

针对竹笋下脚料难保存、资源浪费、污染环境以及常规饲料成本较高等问题，开展竹笋下脚料青贮工艺优化、竹源青贮饲料生产线建立以及替代生猪常规饲料效益评价研究。明确了竹笋下脚料最佳青贮工艺，建立了竹笋下脚料的高值化利用以及竹笋青贮饲料在猪饲料中的应用技术，有效降低了育肥猪的饲养成本，为生猪饲料的品种多样化提供技术支撑，也为更好地开发利用我国的竹笋资源提供参考依据。

主要特征和技术指标

（1）竹笋下脚料最佳青贮工艺。竹笋下脚料（83%）、草粉（9%）、麸皮（8%），温度35℃发酵60 h，枯草芽孢杆菌与米曲霉接种比例为2∶1。

（2）发酵后的竹源青贮饲料粗蛋白含量比发酵前提高了一倍，达到16.7%，高于青贮苜蓿和青贮玉米，改善了青贮饲料的适口性，提高了饲料内可吸收的碳氮比例；干物质含量为23.80%，低于青贮苜蓿，但比青贮玉米高出1.1%；粗脂肪、粗纤维等指标与青贮苜蓿和青贮玉米相比均无显著差异；竹源青贮饲料 pH 值为3.90，氨态氮与总氮比值为8.93%，乳酸含量为13.49%，乙酸含量为0.12%，丁酸含量为 0.08%，均在优质青贮饲料范围内。

年产能 20 t 的竹源青贮饲料生产线

社会经济效益和市场前景

利用该技术在安徽志德动物营养科技有限公司建立了年产能 20 t 竹源青贮饲料中试生产线。在广德市三溪生态农业有限公司建立了 1 个年出栏肉猪 3 000 头的生猪养殖示范基地，年出用竹源青贮饲料替代 15% 精饲料，并在枞阳县翠平生态综合养殖场、安徽安泰种猪育种有限公司等生猪养殖基地示范应用，实现节省生猪养殖成本 78 元 / 头，2019 带动企业增收 68 万元。竹源青贮饲料生产及利用建立了高效、节粮、环保的竹源青贮饲料应用技术模式，提升了养猪行业的盈利空间，增加了猪饲料的品种，经济社会效益显著，应用前景广阔。

成果来源："竹材高值化加工关键技术创新研究"项目

联系单位：安徽农业大学

通信地址：安徽省合肥市长江西路 130 号

联 系 人：殷宗俊

电　　话：15375472804

电子邮箱：yinzongjun@ahau.edu.cn

竹源生物农药高效制备与
应用关键技术

技术目标

　　毛竹资源利用过程中，产生大量采伐与加工剩余物，造成资源浪费。由于多种竹提取物具有良好的杀虫抑菌活性，该项目以竹叶等竹采伐剩余物为原料，攻克了新型竹源生物农药的创制关键技术。创制了竹叶提取物水悬浮剂系列产品，突破了竹源活性组分高效制备和新型竹源生物农药剂型研制的瓶颈技术难题，实现了竹采伐剩余物应用于农业有害生物防治领域。

主要特征和技术指标

　　（1）研发 30% 竹叶提取物水悬浮剂配方。竹叶提取物 30%，分散剂 4%，乳化剂 4%，非离子表面活性剂 2%，增稠剂 1%，防冻剂 4%，悬浮剂 4%，乳化剂 1.5%，去离子水 49.5%。

　　（2）在 30% 竹叶提取物水悬浮剂配方的原料中增加 1% 吡蚜酮，减少 1% 去离子水，其他助剂成分不变，获得 31% 竹叶提取物·吡蚜酮水悬浮剂。

　　（3）理化性能指标测定表明，30% 竹叶提取物水悬浮剂和 31% 竹叶提取物·吡蚜酮水悬浮剂有效成分含量分别为 30.2% 和 31.72%；pH 值（25℃）为 4.9；标准大气压下 98℃沸腾，无闪点；密度在 20℃时分别为 1.089 0 g/mL、1.065 3 g/mL，在 40℃时分别为 1.096 1 g/mL、1.078 5 g/mL；黏度在 20℃时分别为 10.20 mPa·s、8.89 mPa·s，在 40℃时分别为 11.65 mPa·s、10.00 mPa·s；两种制剂理化性质符合国家农药制剂质量要求。

竹源生物农药防治蔬菜蚜虫示范基地

社会经济效益和市场前景

利用本技术建立了竹源生物农药防治蔬菜蚜虫田间示范基地 3 个，核心示范区面积 100 亩，示范应用 2.8 万亩，综合防治效果 85% 以上，可有效减少化学农药使用量 30% 以上，累计节省蚜虫防治成本 44.5 万元，增加产值 230 万元。创制的 30% 竹叶提取物水悬浮剂和 31% 竹叶提取物·吡蚜酮水悬浮剂新产品，对黄瓜、辣椒、甘蓝等蔬菜蚜虫防治效果显著，对于推动化学农药的减量施用和绿色替代、提升农产品的品质与产量、实现农业绿色发展和提质增效具有重要意义，符合我国对农业绿色发展和高质量发展需求，市场前景广阔。

成果来源："竹材高值化加工关键技术创新研究"项目
联系单位：安徽农业大学
通信地址：安徽省合肥市长江西路 130 号
联 系 人：廖敏
电　　话：17756082955
电子邮箱：liaomin3119@126.com